全面阐释犹太人的谋略，经营人生，坐拥财富

犹太人的成功启示

·YOUTAIREN DE CHENGGONG QISHI·

童一心◎编著

中国纺织出版社

内 容 提 要

犹太民族是了不起的民族，人民数量不多，却在饱经磨难后，依然屹立于世界民族之林，许多杰出的人才都来自于这个民族，他们创造了众多的财富，做出了卓越的贡献。犹太人的成功绝不是偶然，他们的成功带给人们深刻的启迪。

本书分为十八章，详尽讲解了犹太人的成功智慧，分析他们的思维方式和做事方法，启发读者思考，调动创造性思维，不断完善自己，为自己人生的成功增加砝码。

图书在版编目（CIP）数据

犹太人的成功启示／童一心编著. --北京：中国纺织出版社，2013.4 （2024.4重印）
ISBN 978-7-5064-9560-8

Ⅰ.①犹… Ⅱ.①童… Ⅲ.①犹太人—成功心理—通俗读物 Ⅳ.①B848.4-49

中国版本图书馆CIP数据核字（2013）第013334号

策划编辑：闫 星　　责任编辑：曲小月　　责任印制：储志伟

中国纺织出版社出版发行
地址：北京东直门南大街6号　邮政编码：100027
邮购电话：010—64168110　传真：010—64168231
http: //www.c-textilep.com
E-mail: faxing@c-textilep.com
北京兰星球彩色印刷有限公司印刷　各地新华书店经销
2013年4月第1版　　2024年4月第2次印刷
开本：710×1000　1/16　印张：17
字数：211千字　定价：76.00元

序　言
PREFACE

说到“成功”两个字，我们不得不对犹太人竖起大拇指。

犹太民族是一个十分独特的民族，因为人数少、力量薄，在漫长的历史中，它一直是强权凌辱的对象，是一个“弱小”的民族。然而种种迫害并没有使这个民族消亡，反而使犹太人凭借着对民族理想的执著使自身不断强大，成为了一个现今被人敬仰和钦佩的民族。尤其是在经商和处世方面，犹太人有着太多值得我们学习和借鉴的地方，犹太人的金钱观、生存观、生意观等都给了我们众多的启示。

有人说：“世界的钱在美国人的口袋里，而美国人的钱却在犹太人的口袋里。”犹太人在颠沛流离的历史中，总结出了一整套伟大的商业法则和处世准则，并遵循这些法则培养出了众多世界著名的杰出人物。

科学巨人爱因斯坦、伟大的无产阶级革命导师马克思、心理学家弗洛伊德、“华尔街之子”摩根、石油大王洛克菲勒、“金融天才”索罗斯、“普利策新闻奖”的创始人普利策、电影巨头华纳兄弟、著名导演斯皮尔伯格、甲骨文CEO拉瑞·埃里森、“股神”巴菲特……在全世界，犹太人的人口数量才1600多万，只占世界人口的0.3%。但是他们所取得的成就，不在其他任何民族之下。迄今为止，获诺贝

尔奖的犹太人已超过240人，是世界上各民族平均数的28倍；在全世界顶级的富豪中，犹太人竟然占到了一半。可以说，犹太人犹如一个左手拿着巨额的财富，右手捧着堆积如山的诺贝尔奖，屹立于世界民族之林的巨人。

犹太商人因着独特的经营技巧和众多的商家富甲天下的成就，摘取了“世界第一商人”的桂冠，他们在财富领域的成就让世人刮目相看。犹太民族是如此聪明、神秘而富有的民族，他们的智慧值得我们学习和借鉴。本书就将为你解读犹太人成功背后的启示，让我们循着犹太人成功的脚步，走出自己人生的完满，成就自己的辉煌。

本书从创造性思维、做事方式、教育理念、生存态度、处世方法、理财手段、谈判较量等方面来立体解读犹太人的智慧，是一本不可多得的智慧秘籍，相信读者看后会有所感、有所想、有所悟。书中将犹太人的智慧与现实案例相结合，让犹太人的聪明才智为我们的生活服务。希望本书能够成为您的良师益友，给予您所需要的知识和启示，为您的成功和幸福增添一份力量！

编著者

2012年12月

目 录
CONTENTS

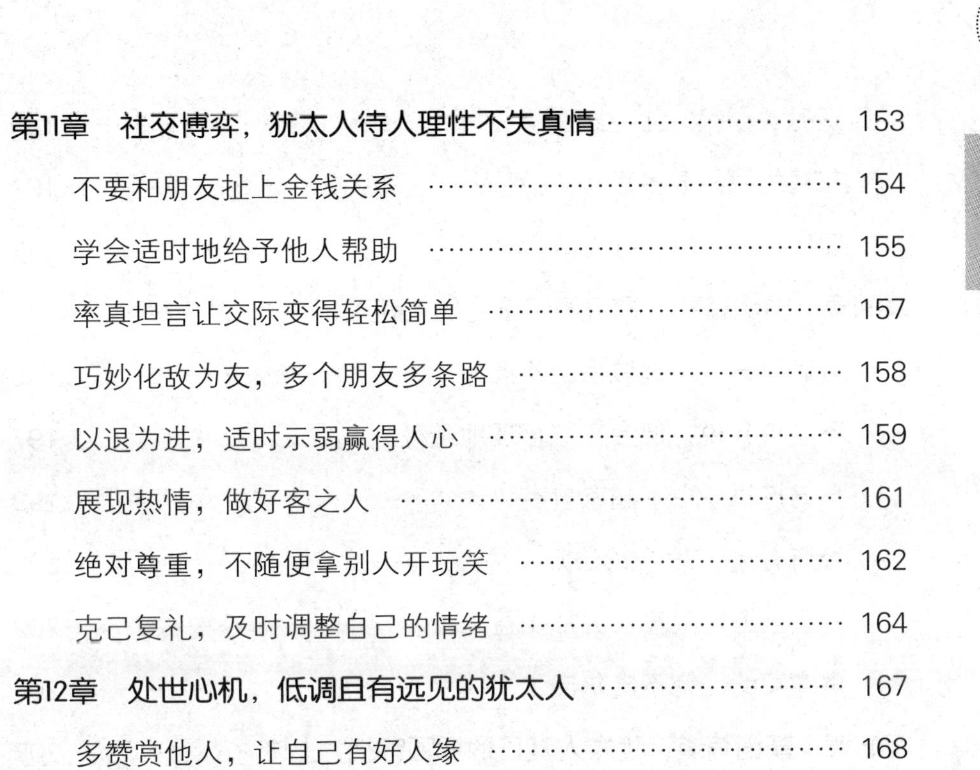

第1章

心的指引，犹太人敢想更敢做

思想家：马克思　弗洛伊德

艺术家：毕加索　斯皮尔伯格

科学家：爱因斯坦　奥本海默

商业奇才：洛克菲勒　摩根　巴菲特　格林斯潘

政界要人：托洛茨基　基辛格　古里安　奥尔布赖特

心有多远，路就能走多远

拿破仑曾经说过一句话："不想当将军的士兵，不是好士兵。"同样，不想赚大钱，不想发财的商人不是好商人。有雄心有时候不是一件坏事，它能告诉你自己想要的是什么，你想达到的目标是什么。只有具有雄心的商人，才能将自己的事业越做越大；整天知足常乐的人，不会有太大的成就。

很多成功人士在很小的时候就立志将来一定要成为有钱人，有些人在小时候就想成为某一行业的领军人物。在这种雄心的刺激下，他们会为了自己的梦想不断奋斗，最终成就辉煌的人生。

迈克尔是一位美籍犹太人，他自小就想做一个驰名世界的计算机专家。因为他的父亲经常在家里摆弄电脑，因此经过耳濡目染，他对电脑的专业知识越来越熟悉。就在同龄孩子还在玩耍的时候，他已经在研究电脑的专项功能了。上大学的时候，他发现私人电脑已经成为人们热议的对象。但是，在当时的情况下，销售商将电脑的价格抬得很高，大学生很难拿出那么多钱去买一台昂贵的电脑，迈克尔觉得这是一个巨大的商机。他费了九牛二虎之力，终于将销售商库存里的电脑以成本价收购。他倚仗着自己的专业知识，为这些电脑装上了附件，增加了一些功能，然后将这些电脑以较低的价格出售。这些电脑很快受到大学生们的欢迎，销售一空。迈克尔的生意越做越大，他的父母担心他的学业，想让他拿到学位以后再做生意。但是他觉得这是一个机遇，他已经等不到毕业的时候了，于是就继续销售电脑。他见其他公司都是先将电脑生产好，再推向市场，就决定反其道而行之。他让顾客说出自己的需求，然后为顾客量身打造电脑。这个方法很快就得到了消费者的认可，他第一个月就赚了18万美元。此后，他赚的钱越来越多，在同龄人大学毕业的时候，他已经有了几亿美元的存

款。现在，他的公司在全世界都有分店，他已经成为世界上最有名的电脑销售商之一。

迈克尔的成功不是偶然的，因为他从小就有出人头地的梦想，有实现自己梦想的雄心，所以他能在后来的人生中取得巨大的成功。如果说梦想是成功的指明灯，那么雄心就是实现梦想的发动机。就是因为有发动机的推进作用，人才能不断向梦想驶去。梦想和雄心是相辅相成的。

犹太人一般都是有雄心的，他们希望自己的生意越做越大，经常嫌自己的生意不够大。犹太人经常是在某一行业做出成就后，觉得自己的生意还是太小，于是就在原有生意的基础上，转投其他的生意。在新生意做得风生水起之后，他们会再次寻找下一个能够发财的目标。所以我们经常能见到一些犹太富翁将几种生意做得同样出色。他们能在几种生意上均取得成功，与他们的雄心是分不开的。一个商人要想将生意越做越大，必须要有雄心，只有具有雄心，才能永不满足，永远前进。

有雄心是一件好事，这说明一个人有抱负，有宏伟的志向。有雄心的人会有坚强的意志去实现自己的目标，雄心会在潜意识中激发人的斗志。只要有雄心，目标就不再遥不可及。任何困难在有雄心的人眼中都不是困难，而是成功路上的垫脚石，有了这些垫脚石，就能更快更容易取得成功。

出手非凡才能决胜千里

犹太人做事的时候一般都喜欢出奇制胜，他们认为使用的招数越奇特，成功的希望就越大，胜算也就越大。做生意不能随心所欲，商家必须围着商场的原则转，才能将自己的生意越做越红火。普通的方法太大众化，不容易取得成功。用别人没用过的新方法，才能从众商家中脱颖而出。

犹太人富有经济头脑，无论是小孩子赚零花钱，还是金融大亨赚取高额利润，他们都会想出一些奇特的办法将自己的生意做红火。有

些方法的确使人耳目一新，他们就在种种奇特的招数下，赚取令人艳羡的财富。

20世纪70年代的石油危机影响了世界经济的发展，正在这个时候，美国的西部却传来了一个令石油界为之振奋的消息，在德克萨斯州发现了一块储量丰富的油田。接着就传出了令所有石油界人士激动的消息——联邦政府要拍卖这块油田的开采权。各石油公司闻风而动，他们纷纷筹措资金，大家都知道，谁能得到这块油田的开采权，谁就能在今后的几十年守着一个金矿，丰厚的利润将会源源不断地流入腰包。谟克石油公司也对这块肥肉垂涎欲滴，可是仅凭自己上百万元的资产，怎么和那些石油大亨竞争呢？谟克公司的董事长道格拉斯陷入了沉思。忽然，他有了一个主意，他们公司是花旗银行的老客户，所有的资金都存在该银行，能不能请银行的总裁琼斯出面，将这块肥肉拿下呢？琼斯是美国无人不知、无人不晓的银行大王。在与琼斯通过电话后，琼斯答应帮助他。琼斯问他最多能出多少钱，道格拉斯表示自己最多只能出100万美元，再多的资金自己实在拿不出来了。于是琼斯就告诉他会帮助他，但是能不能成功，就只能看天意了。拍卖的那天，所有知名石油公司的老板纷纷到场，大有志在必得的势头，谟克石油公司是最小的一家公司。拍卖会快开始的时候，琼斯姗姗来迟，石油大亨们看见琼斯到场，感到非常惊讶，难道银行巨头也要投资石油?所有的竞争者都乱了阵脚，因为如果琼斯想买这块油田，恐怕大家都不是他的竞争对手。道格拉斯看到这一幕，心里乐滋滋的，他坐在一个角落里，悠闲地看着眼前的一切。拍卖会开始了，经纪人报出底价：50万美元，每个拍卖档的价格是5万美元。也就是说，谁想报价，只需举一下牌子，就会在原价格的基础上增加5万美元。经纪人刚报出价，琼斯就举起牌子：“我出100万美元。”所有的人都震惊了，银行巨头如此财大气粗，直接就将价格喊道100万美元。其他人都不敢出价了。“100万美元，7号报价100万美元，还有没有报价的？”经纪人连喊三遍之后，郑重宣布，油田的开采权归谟克石油公司所有，整个拍卖会只进行了五分钟。

谟克石油公司最终得到了油田的开采权，假如道格拉斯按照原有的思维来思考这件事，那么无论如何油田的开采权都不会落到他的手

里。正是因为他用了一种奇特的招数，借助银行总裁的权势最终得到了这块油田的开采权。

人们在遇到棘手的问题时，不要总是想着这件事自己肯定做不成，应该思考用什么办法才能将这件事做成。如果用常规的办法解决不了，就用一些奇特的招数，出奇制胜有时候恰恰就是解决问题的金钥匙。

财富并不能解决所有的问题。谟克石油公司虽然没有钱，但是道格拉斯凭借自己的智慧将有丰厚利润的油田开采权拿到了手。21世纪是一个智力大比拼的时代，财富已经不再是万金油，拥有智慧比拥有金钱更能在社会上生存，财富总有用完的一天，但是智慧永远也不会枯竭。21世纪的竞争其实就是智力的竞争，谁拥有赚钱的智慧，谁就能在社会上如鱼得水。如果没有赚钱的智慧，只是按照寻常的办法挣钱、用钱，终究会被时代列车甩出去。

明确你的目标，激发动力去奋斗

一个人有了目标，就会执著地向着目标前进，这样才容易取得成功。经常变换目标甚至是没有目标的人，会在碌碌无为中虚度一生。等到他们年老的时候，回首自己的一生，就会有无限的感慨，自己的一生明明没怎么浪费，可是却没有任何的建树。

《羊皮卷》中有这样一句话："未来取决于目标以及为实现目标所付出的努力。"几乎所有成功人士在谈到自己成功的原因时，都会谈到一个共同的话题，那就是为自己设定目标。目标是奋斗路上的一盏明灯，是成功路上的一座灯塔，是快要放弃时的希望。如果没有目标，就像在一片茫茫无际的大海上航船，没有行驶的方向，没有指引的航标，只能漫无目的地航行，不知道往何处走才能通向自己的目的地。这样的航行让人心里多么彷徨，只有行驶者本人知道。

有目标的人不一定能够成功，没有目标的人一定不能成功。只要有了目标就不会惧怕任何挫折和困难，会勇往直前地驶向成功的彼岸。就算有再大的风雨，也不会害怕。有了目标就有了前进路上的动

力。犹太商人经常将自己的目标定为赚取大量的财富，虽然很多人认为他们的目标功利性太强，但是仔细想一想，几乎所有人的目标背后都有一个功利性的目的。当这些目标实现后，大量的利润就会源源不断地涌来。虽然犹太人的目的看起来非常世俗、功利，但这是他们千百年来经受苦难之后唯一的救命稻草，金钱是他们唯一可以把握的上帝，只有金钱可以在他们四处流浪的时候，给他们一点儿温暖。为了赚取更多的财富，他们可以忍受任何苦难和磨炼，这是他们坚强地生存下去的唯一动力。

世界上的金融巨头有很多都是犹太人，他们之所以能取得如此大的成功，不是因为他们比别人聪明，而是因为他们能够为自己的目标不断刻苦努力。犹太人的目标简单而实用，他们所做的一切事都是为了实现自己的财富梦，所走的每一步都是为了积累更多的财富。因此，他们珍惜自己的时间，珍惜自己的生命，想尽一切办法实现自己的目标。

犹太人经常被人们称为赚钱机器，但是他们不在乎，因为他们得到了赚钱的快乐，他们喜欢这种赚钱的生活，喜欢为了追求某个数字的财富，不断地挑战自己，超越自己，成就自己的快乐。当实现了一个目标时，他们会为自己设立下一个目标，从而不断地实现突破。这样的人生才是丰富多彩的人生，才是有意义的人生。

一个人的目标越高，发展速度就会越快，就能走得越远。没有人能为我们设立目标，自己的路还得自己走。有些人之所以不成功，就是因为活了一辈子都不明白这个道理。

要想让自己的人生大放异彩，就得为自己设立人生目标。只有有了目标，才不会整天混日子，生活才会有希望，工作才会有动力，这样的人生才会有意义。成功的犹太人的经历已经向我们证明，只要向着自己定的目标不断努力，目标就一定会实现。向着目标不断前进的人，整个世界都会为你让路。

敢于做自己，不随波逐流才能成功

一个随着大流走，时时刻刻都在模仿别人的人是永远不会引人注意的，只有保持特立独行品格的人才能在竞争激烈的商界崭露头角、脱颖而出。这个真理不仅适用于生活中，在商场上同样如此。翻版的东西都是山寨版，只能流行于一时，终究会随着时间的推移淹没于时间这个巨大的洪流中。只有那些能够保持特立独行、生产自己商品的商家才能久经时间的洗练永不消逝。

犹太商人经过长时间的在商海中摸打滚爬之后，他们已经明白了，要想在激烈的竞争中脱颖而出，只有保持特立独行，只有这样才能在众同行之中脱颖而出，尽早地占有市场。让我们看一下成功犹太人的传记，我们就能从中找到一条规律，那就是他们能够想别人不敢想，做别人不敢做。别人不敢做的事情未必就是不能做的事情，别人都做的事情也未必就是正确的事情。别人没有想过的事情，不敢做的事情，你做了，那么你就有极大的可能脱颖而出，就会在别人没有看到这个商机的时候大赚一笔。

19世纪中叶，美国的加利福尼亚州掀起了淘金热，淘金的人们蜂拥而至，有的人发财了，有的人收获寥寥，有的人血本无归，在众多的淘金者中，有一位名叫亚默尔的年轻犹太人，他也想在这里淘到金子。在这里淘金唯一不便的就是喝水的问题，要想喝到水，必须到几里地之外的一个小山沟里才能找到水。于是他敏锐的感觉到这是一个巨大的商机。他想道自己来到这里本来就是为了赚钱，淘金只是手段，最终的目的还是为了赚钱。于是他就决定不再淘金，而是以卖水为生，他将自己全部的积蓄都用在开采水源上，终于他打出了第一口井，然后他又将这些水滤净消毒，终于成为了人们可以饮用的食用水，他开始卖起了水。他的同伴都对他冷嘲热讽，他们认为他这样最后什么也得不到。但是亚默尔认准了目标，他觉得这样可以为自己赚到钱，所以他没有放弃自己的想法。而且他还专门进了一些小食品、饮料等，就这样他在短短的时间内就赚了8000美元，当不少淘

金者衣食无着的时候，他已经完成了原始的资本积累。后来凭借自己独特的眼光，他又做成了其他几项生意，他终于一跃成为了美国的商业巨子。

亚默尔的成功经验告诉我们，任何人想要成功，跟着大众走是行不通的，只有走出一条真正适合自己的路，才能在商场上不断成功。特立独行的人要有敢为天下先的气魄，畏首畏尾不敢前进的人是不会在商场上有很大成就的。一味地模仿别人，跟着别人的脚步走，只会拾人牙慧，成不了气候，商机早就丧失了，模仿的人又那么多，怎么可能还有很多的利润等着他去赚呢？

爱因斯坦曾说："想别人不敢想，你已经成功了一半。做别人不敢做的，你会成功另一半。"所以要想成功，别人走过的路只能借鉴，就像科学领域只能出一个爱因斯坦，商业上只能出一个洛克菲勒一样。成功人士的那些事只能是给你的人生作参考的，他们的事情终究还是他们的，不能成为你的。这同样适用于商业领域，一个商家要想让自己的产品在琳琅满目的商品中吸引顾客的眼球，就必须要有自己的特色，千篇一律的商品只会让人感到厌烦和麻木。所以商家就应该紧紧抓住顾客的心理，不断地另辟蹊径，不断地推陈出新，只有这样，才能占据商场上的至高点。

每个人都应该有一条自己该走的路，千人一面的人，是不会得到人们欣赏的，只有特立独行才能吸引人们的注意。好多人不敢特立独行就是因为他们没有敢为天下先的勇气。抛开自己的成见，删除自己的怯弱，自己的人生还得自己来书写，我们不要成为和别人一样的人，为什么不将自己的特色展现出来，为什么不让自己的优点长处凸现出来？既然不想被大众埋没，我们就得有自己的特色，就得有自己值得骄傲的地方。

在商场上，特立独行的做事风格同样会独领风骚，尝到大大的甜头，很多人的成功就是因为他们能够想出别人不敢想的好主意，现在的社会是一个多元的社会，只有你想不到的，没有你做不到的。什么东西都可以拿来拍卖，就算是不值分文的东西都可以在有创意的家伙手中变得价值连城。

所以要想在商场上脱颖而出，赚取大量的利润，只有一条路可

走，那就是走自己的路，保持特例独行的风格。成功是不可以复制的，任何成功者所走的路都是一条自己原创的路。

凝聚雄心与胆识，成功近在咫尺

在经商过程中，商家要想成功赚大钱，就必须有胆量敢于冒险，而且冒的险越大，成功的概率就越大。犹太人在经商过程中，只要他们觉得做某件事有利可图，就算是有再大的风险，他们也会积极去做。这就是犹太人的胆量，有些人畏首畏尾，看好某件事，可是自己实在是没有胆量去尝试，于是成功的机会就只好就这样与他擦肩而过了。

商人要想成功，就必须具有胆量，有了胆量你才会让自己去冒险，有了胆量你才会让自己放心大胆地去做某事。有了胆量，你就成功了一半，另一半就是有一个武装了的大脑。

著名的股票经纪人约瑟芬斯，在他25岁的时候，意气昂扬，抱着一心成为大富豪的想法，辞去了稳定的工作专心投入到股票交易中，还不到十年的时间，他就拥有了上百亿元的资产。在他辞去工作的时候，他手中仅有的资产是500美元，他就用这做资金，开始创立自己的事业，当年的他充满了灵气，当他过了短暂的适应期后，凭借炒股他赚了35万美元。胜利之火冲昏了他的头脑，在买下一家暴跌的实业股份公司的股票后，转眼间，他的希望成了泡沫，赔的只剩下200美元。在这样的重锤之下，他痛苦了一周，就在大家以为他要退出股市的时候，他又重新鼓起了勇气，重整旗鼓的他开始遍访各种炒股能手，涉足各种炒股书籍，掌握了股海的变幻形势。回首往日的骄人成就，他内心激起了千层浪，于是他又重新投入到股海中。这次的他似乎变了一个人，他变得沉稳，不再像以前那样不经慎重的考虑，就直接做决定，他细心地观察股情，进行了细致的分析后，他发现未列入证券交易所买卖的股票实际上有利可图。这些股票利润小，被金融大亨们甩在了一边，但是这些股票的风险小，而且持续稳定，于是他就借钱将其买进，结果不到一年的时间，他净赚了45万美元。他开设了

自己的股票公司，但是他觉得自己的知识不够用，于是他就去图书馆进行学习，四年之后，他成为了一个知名的股票经纪人，他每月的收入达28万美元。这年他才29岁。不久动乱使得国内的经济陷入了一片恐慌，他预计经济危机马上会到来，迅速地将自己手中的股票一甩而光。经济危机随后就爆发了，股价大跌，他仅这一项竟赚了500万美元，在别人将股票大量售出的时候，他又看好形势，逐渐买入，直到经济危机之后，他又将这些股票卖出，就这样，他稳赚不赔地逐渐积累起了自己的财富。

约瑟芬斯一开始凭借自己的胆量小赚了一笔，但转眼之间，这些财富就如昙花一现，消失在茫茫的股海中。但是约瑟芬斯并没有就此消沉下去，他总结自己失败的教训，知道是因为自己的知识不够用，所以他一心学习专业的炒股知识。在他学有所成之后，他又重新投入股市，这次他改变了以前自己的那种做事习惯，在买进卖出股票的时候，不再是仅凭自己的胆量做事，而是运用武装了的头脑，审时度势，这样一步步地积累起了自己的财富。

商人在商场上，尤其是在炒股的时候，最需要的就是胆量和智慧。只有胆量，就算小胜，那也只是一时，长久不了。只有智慧没有胆量，那再多的财富也和过眼云烟一样，在你的眼前飘过来飘过去，但是就是不能进入你的口袋。只有那种既有胆识同时又有智慧的人才能将这诱人的财富装进自己的口袋。

所以在经商的时候，商人一定要有这两样东西，否则自己最终可能什么也得不到。犹太商人在经商过程中，他们认为冒险是必需的，所以在看中某件事可以为他们带来利益时，他们就会不惜一切地去冒这个险。他们一直以冒险家自居，就是因为他们有过人的胆量，失败了有什么关系，大不了重头再来。他们不仅有胆量，重要的是他们有智慧，他们会仔细辨别出哪种风险是值得冒的风险，只有是值得冒的风险，他们才会拼尽全力去尝试。

犹太人的胆量和智慧，真是值得所有想成功的商人学习。

只要心够强大，以少胜多不是幻想

人生处世如行路，经常会有山水阻隔。有些人在遇到阻碍时会开山架桥，既费时又费力；有些人只是轻轻松松地转一个弯，就将困难克服了。做生意也是同样的道理，有时候自己费尽心机地去做某件事，最终却做不到，而有时候让脑筋转个弯，就能将问题轻松地解决。四两可拨千斤，以小可以博大，这是一种智慧。

犹太人善于以力打力，他们会借助别人的力量帮助自己实现目标。一些商家不懂得以小博大，经常用自己的笨办法来实现目标，这样不仅浪费时间和精力，而且经常是事倍功半。所以商人应该逐渐培养以小博大，四两拨千斤的智慧。如果拥有这样的智慧就能很容易达到自己的目标。

世界著名的利普顿公司，为了使自己的茶叶尽快打入市场，不是像其他商家那样，使用老套的宣传方式，而是别出心裁地设计了一场精彩的表演。他们买来几只小猪，用缎带精心打扮了一番，并插上“我要去利普顿”的字样，然后将它们赶到闹市上，引起众人的注意，达到了让商品家喻户晓的目的。这种别出心裁的设计，让人们一下子记住了“利普顿”的名字，他们成功打开了茶叶市场。

在现今的市场竞争中，除了商品的质量和销售价格的竞争外，营销策略也成为众商家的一种竞争手段。精明的犹太商人已经将这一点看得很清楚，犹太商业圣典《塔木德》经常告诫人们，经商讲究的是智慧，智慧是用财富买不来的。很多白手起家的犹太人能够成功，并不是靠时刻不停地攒钱，而是凭借四两拨千斤的智慧。

著名的犹太富豪迪尼斯夫在销售房子的时候，发现了一个有趣的现象，男女在买房子的时候，经常表现出不同的需求。男人要求房子宽敞明亮，要有舒适感；而女人要求房子富有个性，可以使自己感到自由。在发现这个现象之后，迪尼斯夫从中得到了启发，他想到了一个绝妙的销售宣传方案。他把广告部的专业人员找来，对他们说了自己的想法，与他们进行交流，找到了一个合适的方案。基于男女购

房的不同需求，他们设计了分别针对男人和女人的两个不同的广告方案。针对男人的广告画面是：从一幢小屋的窗户里伸出一双女人的手臂，迎接疲倦归来的男人回家。针对女人的广告画面是：一个美女平躺在房子中间，旨在凸显她与房子浑然一体。迪尼斯夫慎重考虑后采用了这个方案，并派人将这两个广告拍出来，送去审核，审核通过后，他亲自将片子送到电视台。很快，这两个广告在电视台的黄金时间播出了，一个星期后，迪尼斯夫的公司顿时名声大振，公司库存的房子短短几个月就销售一空。

迪尼斯夫这种以小博大的智慧为公司赚取了不少利润，他之所以能想出富有创意的方案，就是因为他能够从小处着眼，看见细微之处隐藏的商机。也是因为他的这种智慧，他最终成为举世皆知的大富豪。犹太人就是运用这种智慧在生意场上如鱼得水的，他们能够赚取大量的财富与此有很大关系。

以往四两拨千斤经常被用在军事上。明明是力量悬殊的大战，几个回合之后，结果却让人大跌眼镜。这样的战役经常是人们津津乐道的故事，经久不衰。现代的商场和战场一样残酷，在这场没有硝烟的战争中，有些人虽然实力雄厚，但是却输得一败涂地；也有些人虽然囊中羞涩，但是却凭借智慧叱咤风云。

21世纪的竞争是智慧的竞争，谁拥有过人的智慧，谁就能在商海浮沉中淡定自如。犹太人的成功经验或许可以为我们补上这一课。有些时候，不要被眼前的困难吓住，脑筋转个弯，往往可以四两拨千斤。

想要成功，就要敢为人所不敢为

一个人要想成功，就必须有方略的指导。在现实生活中，没有随随便便的成功，要想取得不寻常的成功，就得有不寻常的方略。方略是行动的指明灯，是一切行为的指向标。正确的策略能帮助人们更快地实现自己的目标。

1981年6月，犹太人韦尔做了一件让人们出乎意料的事，他居然

把自己辛辛苦苦花了20年时间才创建的西尔森公司出售给拥有80亿美元销售额的美国捷运公司。美国捷运公司是一家经营赊账卡、旅游支票等业务的大公司。韦尔的西尔森公司虽然规模比较小，但是发展前景还是比较大的，而且韦尔最初进入捷运公司的时候，并不被重用，因此几乎所有的人都认为韦尔这次吃的亏不小。但是经过一段时间后，人们不得不佩服韦尔的眼光。现在，韦尔在捷运公司的职位仅次于董事长和总裁，他的股份总额是2700万美元，每年的个人收入是190万美元。

韦尔之所以能够成功，最重要的原因就是他知道在什么情况下，自己应该做什么事。他敢想敢做，抓住机会，有自己的方略，所以对于合并与否，他能够果断地拍板。将自己的西尔森公司合并到捷运公司的旗下，在别人看来韦尔是吃亏的，但是他却成为该公司的第二号人物，成为华尔街冉冉升起的一颗新星。

犹太人以精明闻名于世，他们之所以能够在经济上不断取得骄人的成就，就是因为他们能够在做生意之前制定不寻常的策略。如果没有策略的指引，即使在某件事上取得成功，也只能有一时的胜利而已，不能长久。要想长久地取得胜利，就得预先作好计划与攻略。中国有句古话，叫做“预则立，不预则废”。在商业领域要想取得成功更是如此。跟着自己的感觉走，没有任何计划与策略，这样经商结果十有八九是失败的。

成功的人都有成功的方略，他们在进行下一步行动之前，已经计算好将会发生的事情，这样他们就不用打无准备之仗。精明的犹太商人经常会想出一些不寻常的策略，这些策略也帮助他们取得了不寻常的成功。

一位犹太人在日本生活多年。当麦当劳风靡美国的时候，他也想在日本开一家这样的快餐店。他研究了日本的饮食结构和快餐店的经营之道后发现，在日本开办一家这样的快餐店，是一件有利可图的事情。于是在静心思考之后，他决定做一种含有肉馅的面包，这种面包与日本的传统食物不一样，他认为这种面包在日本肯定会受到顾客的欢迎。但是他的朋友们却对他的这种做法感到诧异，他们认为日本人早就已经习惯了本国的面食，这种具有西方风味的面包肯定不会受

到顾客的欢迎，他们甚至开始等着看他以失败收场。但是，这位犹太人却对自己的做法信心十足。店开业之后，反响非常好，第一天就赢利30000日元，就这样，他的生意越做越红火。他的朋友们彻底傻眼了，他们没有想到自己原来错得那么离谱。这个犹太人也在他人诧异的眼神中，赚走了巨额的财富。

现在的商场瞬息万变，往往是计划不如变化快，但是这并不能说明预先设计好方略就是错误的，只有明了自己的奋斗方向，才能在行动的时候有一个主攻的方向，做起事来才能有的放矢。

要想让自己的事业永远取得成功，就必须有明确的方略作指引。对于千变万化的商场，任何想大有作为的人，都必须在心中设计好未来的方略图。只有有了方略助阵，你才能成为商海巨大风浪中的弄潮儿。

第2章

激活大脑，打破思维禁锢的犹太人

思想家：马克思　弗洛伊德

艺术家：毕加索　斯皮尔伯格

科学家：爱因斯坦　奥本海默

商业奇才：洛克菲勒　摩根　巴菲特　格林斯潘

政界要人：托洛茨基　基辛格　古里安　奥尔布赖特

人生不设限，冲出思维的禁锢

人在追求成功的路途中，最大的藩篱就是自我设限。自我设限是通往成功路途中最大的绊脚石，即使是成功人士也难免会被自我设限所羁绊，更不要说普普通通的我们了。犹太人强调的是人要突破自我设限。所以犹太人可以到达别人到不了的高度，可以享受别人无法享受的生活。

一个美国人、一个法国人和一个犹太人同时被关进监狱三年，监狱长在他们服刑之前，大发慈悲，说可以满足他们每人一个愿望。美国人要了三箱雪茄；法国人喜欢浪漫，要了一个漂亮的女子；而犹太人要了一部可以和外界沟通的电话。三年后，美国人先出来，他鼻子里、嘴巴里、耳朵里全是雪茄，并使劲喊："给我火。"原来他只记得要烟忘了要火了。法国人一手抱着孩子，一手握着老婆的手，老婆另一只手也领着一个孩子，肚子里还怀着孩子。而犹太人兴奋地跑出来，对监狱长说："谢谢你，我的生意不仅没有破产，而且还赚了200%，现在我也满足你一个愿望，说吧，哪怕是要一辆劳斯莱斯我也给你。"

这个笑话估计很多人都不陌生，正是因为犹太人没有将自己局限在只有几平方米的监狱里，才能不断将自己的事业推向成功。如果犹太人也将自己局限在与世隔绝的世界里，自我设限，也许笑话就不这样引人思考了。或许犹太人会经不起时间的煎熬，因为整天担心自己的事业，最后急火攻心，抑郁而死。

自我设限是人给自己造的一间心灵上的房子，四面全是铜墙铁壁，自己的心就这样被困在了里面，根本就出不去。自我设限困住了人们所有的能力，羁绊了人们前进的脚步，一些人甚至连去尝试的信心都没有，就这样将成功不断拒之门外。一些成功人士之所以能不断

取得成功，就是因为他们不会为自我设限。只有突破自我设限的人才能发挥出巨大的潜力，创造出无穷的财富，在事业上不断取得成功。在这方面，世界上最富有的民族，犹太民族就做到了，犹太民族在第二次世界大战的时候遭受了重创，但即便如此，他们也始终没有将自己定位于永远受人欺负的地位，他们没有为自己设限，不断为自己寻求新的定位。犹太人自《圣经》出现以来就一直只有受苦的份儿，但是上帝并没有遗忘他的这群子民，于是他将获取财富的智慧赐予了这些子民，犹太人追求财富的智慧全世界无人能及，他们在追求财富的路上，从来不会告诉自己“这件事好像不容易办成”“这件事的确有难度”“估计自己得搞砸了”。他们不允许自己这样懈怠，不允许自己不成功。在他们看来，世界上的事只有想不到的，没有做不到的，自己肯定能完成所要完成的任务。

自我设限扼杀了人们很多的才能，它将人们局限在一个狭小的圈子里而无法突破。所以，人只有突破自我设限才能成功。然而想要突破自我设限就要经常鼓励自己，哪怕不用言语，只要在内心给自己加油鼓劲就可以了，把“我不行”这三个字从你的词典中剔除吧！就是因为它，你丢掉了无数展现自己才华的机会，失去了很多提升的机会；就是因为它，你才整天默默无闻，碌碌无为。是时候突破自我了，不在今朝，更待何时？

真正的进步始于创新的思维

人要想取得成功，就得在做事的时候有创新的思维。一个人没有创新的精神，就会让自己一直固守在旧有的思维定式中，没有任何的进步。如果一个企业没有创新精神，就会一直止步不前，直到渐渐地被其他企业淘汰。犹太人在经商的过程中发现，人只有拥有创新的精神才能不断地取得成功。

无论是在自己的经商实践中，还是在平时的工作生活中，犹太人都具有很强的创新能力。而创新的基础是要有一颗好奇心，只有具有好奇心的人，才会具有创新精神。一个对任何事都感到习以为常的

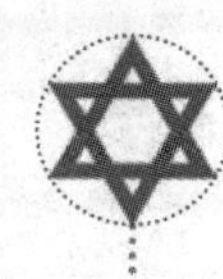

人，是无法从熟悉的事物中发现新事物的。

人只有对某件事情具有好奇心，才会不断地研究下去。没有好奇心的引导，人根本就谈不上创新。犹太人在做事的过程中，善于打破常规，不会因循守旧、墨守成规。这也为他们带来了很多机会。犹太人的想法是人是活的，其他没有生命力的制度法律都是死的，只要有弊端，人就可以进行改变。如果用常规方法不能解决问题，就应该用创新的思维方式思考，改变以往解决问题的方式，或许很快就能将问题解决了。

一天，物理学家、工程师和画家三个人想比比谁的智商高，他们各说各的厉害之处，但是谁也不服谁，于是他们决定进行一场比赛，以此来评判三个人谁的智商更高。他们为此找来了一个裁判，让他出个题来考考大家。于是，考官将他们带到了一座高楼下面，并且给他们每人一个气压计，让他们用气压计测出这座高楼的精确高度。比赛的规则是不管用什么方法，只要能测出楼的高度，且方法最有创新性，就是赢家。物理学家用气压计先测出了楼下的气压，又爬到楼顶上，测出了楼顶的气压，然后他根据气压公式算出了楼的大体高度。工程师不慌不忙地爬上了楼顶，探出身去，看着手表的秒针，然后让气压计自由落下，他准确地记住了气压计下落的时间并根据自由落体公式算出了楼的高度。工程师和物理学家在等着看画家的笑话，因为他们不相信画家还有什么公式可以运用。只见这位犹太画家非常镇定，他想自己既然用平常解决问题的方式无法将问题解决，那么只好用别的办法了。于是，他敲响了楼下看楼人的门，向他询问楼的高度，报酬就是自己手中的气压计，看楼人告诉了画家楼的准确高度。比赛的结果自然可想而知，当然是画家赢了。

物理学家和工程师因为气压计的存在，忽视了其他解决问题的方式，被气压计和自己的学识束缚住了思维，而画家却能跳出这些固有的思维方式，用创新的思维方式来思考解决问题的新方法，这就是他能够取胜的原因。

许多科学上的发明就是这样诞生的。我们在日常的生活中也应该学会用创新的思维方式解决我们所遇到的问题，在解决问题的时候，多问问自己，只有一种解决问题的方式吗？难道就没有更好的解决办

法了吗？变换一下思考问题的角度，或者变换一下思考问题的前后顺序，或许我们就会从熟悉的问题中，找出更有效的解决问题的方法。

只要智力正常的人都会有创新思维，只是很多人的创新思维一直处在未觉醒的状态，等着自己的主人将其唤醒，这就需要不断地进行思维训练。在平时解决问题的时候，不要只让自己的思维停留在原有的解决问题的方式上，不断地锻炼自己的创新思维能力，我们就会发现其实很多问题都有更好的解决方式。只要持之以恒地锻炼，在不远的将来，我们的生命轨迹也许会因此而改变。

打破惯性思维，问题迎刃而解

思维定式是一种束缚人思维的惯性思维模式，常人很难将其打破。运用思维定式，我们就可以解决一些类似的问题，不用再费劲地去想什么解决办法了，思维定式可以让我们触类旁通，举一反三，在学习上非常有用。但是，思维定式也有许多弊端，有些时候人们会被思维定式束缚在一个圈子内，有些人不仔细研究新遇到的问题和以往的问题有什么区别，只是一味地按照以往的方式去解决问题，这样就会导致失败。

似乎思维定式已经将人们的想象力、创造力全部扼杀了。人们因此会丧失许多创新的思考方法，同时也会因此而失去很多的成功机会。犹太人与其他民族的不同之处就是他们善于打破常规，善于打破思维定式，从而找出更具创造性的方法。

犹太民族是一个很特别的民族，他们创造了许多世界第一，如第一个在全国范围内建立其销售网，第一个创造了传销模式等。在商业领域，只要谈到犹太人，人们就会有说不尽的话题，这不仅是因为他们拥有高超的赚钱能力，还因为他们拥有独特的思考问题、解决问题的办法。犹太人不会被思维定式所束缚，他们有创新的思维，敢于打破常规。下面这个例子，或许能让我们体会到犹太人是如何突破思维定式的。

一个犹太人走进一家银行，来到贷款部，慢慢地坐了下来。贷

款部的经理一边打量着这位先生的穿着——名牌的西服、高级的皮鞋、昂贵的手表，还有镶嵌着宝石的领带夹，一边问道："请问先生有什么事吗？""我是来借贷的。""请问先生要借多少钱？""1美元。""1美元？"贷款部的经理吃惊地问道。"嗯，不错，就是1美元。可以吗？""当然可以，只要你有担保。""这些担保可以吗？"这位先生边说边拿出了所有的珠宝和债券，"总共是50万美元。""先生，像您这种情况，可以借三四十万的。为什么您仅借1美元呢？""是这样，在来你们这家银行之前，我去过几家公司，他们的保险费都很贵，只有你们这儿的担保费便宜，一年才需6美分。"

这就是犹太人打破思维定式的举动，不想交不菲的保险费，可是还得保证自己财产的安全，于是他想到了用担保的方法将自己的财产担保出去，这样既可以省下一笔高昂的保险费，同时还能保证自己财产的安全，鱼和熊掌可兼得。这就是他们闻名世界的原因。

思维定式束缚了人的头脑，左右了人的思维，羁绊了人的步伐，这就是很多人无法创新的原因。只有敢于创新的人才会创造出骄人的成绩。无数犹太人在自己的事业领域创造出令人艳羡的成绩。不论是商业领域，还是学术领域，杰出的人才都是数不胜数，爱因斯坦、马克思等杰出的学者，就是因为具有创新的意识，才在他们精通的领域中为人类的进步做出贡献。

无论做什么事，都应该有打破思维定式的意识。思维定式不是一两天形成的，同样，也不是一下子就能打破的。思维定式有利有弊，关键还是在于自己的判断。当思维定式的确可以帮助你的时候，它会让你事半功倍，可是，当思维定式不适合你的时候，就可能成为你的障碍了。犹太人在从商的过程中，已经将自己锻炼到可以遇山就绕的境界，就是因为他们有敢于创新的精神和行动，所以犹太人不会循规蹈矩、固步自封。

当今社会处于一个大变革的时代，一个人如果老是固守着以往的旧观念，就不会有什么突破，永远也不会做出什么惊人的成绩。现在，要想在社会上取得成功，就得敢于打破陈旧的思维定式，不要老是在一种方法上打转，方法不当就赶紧更换，否则，等你转过弯来，

早就被人捷足先登了。

要想成功，就得敢于向陈旧的观念发起挑战，就得敢于向思维定式说不，我们的社会与以往不同，世界在变，人们看待它、接受它的方式也得变。否则，下一个出局的就是你！

在疑问中，激发新的思路

问题是思维的起点，是思考的动力，一切新的发明都是从有问题开始的。因为有了问题，人们才会主动去思考，才会想尽办法将问题解决。科学上就是因为有了问题，才促使各项发明层出不穷，为人类的生产生活带来诸多便利。犹太民族就是一个善于提出问题的民族。

犹太人非常重视知识，更加重视问题意识的培养，他们把仅有知识而没有才能的人比喻为“背着许多书本的驴子”。他们认为思考比学习知识更加重要。学习应该以思考为前提，如果没有思考、没有问题，知识的学习也只能是表面的学习。正如孔子曾教育弟子说：“学而不思则罔，思而不学则殆。”犹太人对知识和思考的见解与孔子的思想不谋而合。犹太人认为，思考是由一连串的问题组成的，思考越多，问题就越多，对知识的理解也就越深。知道得越多，你的疑问也就越多，你提出好问题的概率也就越大，你就更容易获得成功。

著名的数学家希尔伯特就是一个善于提出问题的人，他在1900年第二届国际数学家大会上作了题为《数学的问题》的报告，一举提出了23个问题。这些问题，后来被称为“希尔伯特问题”。它们的提出有力地促进了数学的发展。后来，希尔伯特总结道：“如果一门科学分支能凝结出大量的问题，它就充满了生命力。如果问题缺乏，则预示着独立发展的衰亡或终止。”

爱因斯坦说：“提出一个问题往往比解决一个问题更重要。因为解决一个问题也许仅仅是一个科学上的实验技能而已，而提出新的问题、新的可能，以及从新的角度看旧的问题，则更需要有创造性的想象力，而且标志着科学的真正进步。”只有能够经常提出问题的人，

才能找出解决问题的新方法。犹太人深知提出问题、找到好方法的重要性，于是一些新的发明、新的成就在犹太民族中不断产生出来。

问题是从生活中提取出来的，是从一系列的实践中发现的。犹太人就是一个不断从实践中提出问题，又不断将问题解决的民族。犹太民族的这种做法不仅为他们迎来了学术上的繁荣，同时也为他们创造财富提供了条件。

作为一家五金商行的小职员，犹太人汤姆只想当一名称职的员工。他们店里的生意不是很好，有很多积压的产品，因为已经过时了，所以根本就没有人过问这些产品，老板非常忧心。汤姆想，反正也不指望这些商品挣钱了，为什么不将它们贱卖出去？于是，他就将这个想法告诉了老板，老板听到这个主意后，非常满意，因为他也很想将这些过时产品推销出去，放在库房里既占地方，还让人看着堵心。于是他接受了汤姆的建议，将这些过时的商品摆到一张大台子上，每样都标价10美分，让顾客可以自己挑选喜欢的产品，人们一听这么便宜，立刻将这些商品抢购一空。于是老板就将更多的过时商品摆在了台子上，很快，积压已久的过时商品就销售完了。汤姆觉得这就是一种销售策略，于是他建议老板将这个点子用在店内所有的商品上，但是老板担心这样做会让自己赔本，没有接受他的建议。于是汤姆决定自己单独开一家这样的五金店，他找来合伙人，经过努力，终于建立了自己的全国连锁店，赚取了大量的利润。汤姆原来的老板见汤姆取得这样的成功，非常后悔自己没有听他的建议。

汤姆的成功就是因为他能提出新问题，并通过自己的思考找到问题的答案。他没有被传统的营销方式所束缚，而是找到了另外一种解决问题的方式。“每件商品的标价都是10美分”，虽然很多商家不看好这种营销方式，但是汤姆却用自己的实际行动证明了这种营销方式的可行性。

在我们的生活中，如果只会按照以往的老路走，没有任何创新思想，一些新的发明就会在你的忽视中与你擦肩而过。遇到问题多问自己几个为什么、是什么，不要总是依照以往的经验解决，否则你的创新能力就会被扼杀在思想的摇篮中。

犹太民族是一个不断追求创新的民族，他们的创新能力，是在不

断提出新问题，并不断试验新的解决办法的过程中练就的。科学上，很多人就是因为少问了一个为什么，而与一些重大发明失之交臂，当这个新发明被别人研制出来的时候，自己只有后悔的份儿了。很多时候，不是你想不出好方法，而是你根本就没有想过。一个民族只有在不断地创新中才能生存下去。而创新需要的是思考，需要的是不断发现问题、提出问题的能力，还有不断寻求新的解决办法的能力。

机遇往往在你看不到的地方

现在社会上什么生意好做，其实不能简单地主观评定。有些生意看着是冷门，可能也存在着巨大的商机，有时候冷门生意做起来，甚至可能比热门生意还火。犹太民族中有些人就是瞅准了冷门中的商机发了大财的。有时候，人要成功需要的就是这种另类思维。

犹太“商经”中有这样一个奇怪的论点：“冰几乎不能用来换取任何东西，而几乎不用任何东西却能换取冰。反之，钻石几乎没有使用价值，然而却往往需要用大量的其他货物来换取它。可见我们对于财富的某些观点有时是错误的。”根据犹太“商经”的理论，只要你有经济头脑和经营意识，即使在大家看来分文不值的东西，你也一样可以依靠它成为富翁。犹太商人图德就是这样凭借冷门生意成功的商人。

1783年，图德出生于波士顿一个普通的家庭。图德的三个哥哥都毕业于哈佛大学，家里一直期待他能继承这一传统，但是他对这种生活不感兴趣。13岁时，他放弃学业，学做香料生意。1805年，图德参加了堂兄德纳举办的一个宴会，宴会中他和堂兄开玩笑地讨论了从附近的弗雷什庞德将冰运到南部各港口的可能性，冰在那些港口可以卖高价。此后，图德一直在思考将冰运往各大港口的可能性，他还亲自用船将冰运往马丁尼克岛。图德还一直在研究如何取冰以及可以隔热的材料，他甚至将这些写成了《冰窖日记》，书中有成功人士的创业风范。经过了无数的坎坷，图德的生意终于逐渐兴旺起来。19世纪20

年代中期，图德的生意很好，但是仍要坚持奋斗。在此期间，每年约有3000吨的冰用船从波士顿运出，而其中三分之二的冰是他运出的。竞争在加剧，为了能在竞争中占据更加有利的地位，图德不断降低自己的成本，以便击败竞争对手。到19世纪中期，图德的“冰王”地位已经牢固建立。1856年，图德用船共运了14.6万吨的冰到菲律宾、中国、澳大利亚及美国南部各州等地。图德就是这样依靠谁也不重视的冰发了大财。

图德的成功为我们树立了榜样，有些时候，冷门的东西未必就是不能赚钱的东西，人们随处可见的东西，可能就蕴藏着无限的商机，等待有心人去发现并开发。有些时候，开发冷门未必是很难的事情。冷门具有强大的广泛适用性，无论什么人，都能找到一门适合自己的冷门行业。当你在前进的旅途上遇到无法克服的困难时，你可以变换一下思维，冷门的生意可能会在这时候帮助你渡过难关。冷门的生意会让你少许多的竞争者，让你能安然走过独木桥。

精明的犹太人能够在冷门中看到成功的希望，所以很多成功人士都是通过冷门取胜的。

做冷门生意需要人有强大的意志和坚定的信心，因为任何成功都不是一蹴而就的，而是有一个慢慢积累的过程。冷门是一种机遇，同时也是一种挑战，想要驾驭它，你必须得付出一定的精力。冷门带给人们的是一种巨大的利益，冷门生意做得好，终有一天，会成为热门；热门过热，从事的人太多，有一天也会变成冷门。

高瞻远瞩，超前意识是成功的曙光

人贵有超前意识，拥有超前意识就是能够对未来某行业在现有的条件下会发生什么样的转变作出预测，从而对资金的使用，资源的分配作出适当的调度，使自己能够赚取大量的利润。这与我们的古话“凡事预则立，不预则废”意思相通。作为金融界的翘楚，犹太人更是将其视为赚钱不可或缺的技能之一。如果拥有超前意识，你就能在危机到来之前做好准备，在危机到来时就不至于手足无

措了。

犹太人有强烈的超前意识，他们能从昨天的历史、今天的现实中发现明天的未来，发现明天的发展趋势。比如实业家蒙德，在人们已经习惯每天工作12小时的时候，首先实行了每天8小时的工作制度，并创造了更高的工作效率。犹太人有一句名言："别人在睡觉的时候，我们在快速前进。"这就是精明的犹太人能够不断聚拢钱财的奥秘。

超前意识会让你在黑暗之中看到黎明的曙光，会让你在心情极度低落的时候看到胜利的希望。超前意识依靠人类眼光的指引，超前意识会让商人在第一时间统领全局，步步为营，主动地引导世界的潮流。只有具有超前意识的人，才能在竞争中立于不败之地，才不会被时代淘汰。

犹太商人的超前意识让全世界的人瞠目结舌。犹太商人很早以前就得出重要的商情信息——世界上有两大行业会经久不衰，这就是关于女人的行业和食品行业。于是他们在这两个行业上投入了很多的精力，并因此收获了丰厚的利润。至今世界上这两大行业也是犹太人操纵大权。我们不得不佩服他们这种超前的意识和视角。犹太人对教育业也有一种超前的意识，他们很早就意识到金钱是不能带走的东西，只有知识会永远伴随人的一生，所以他们从很久以前就已经扫除了文盲，而当时，全世界还有无数的人是文盲，这不能不让我们佩服他们的超前意识。

生命的价值和质量是由我们自己决定的。三年前你的思想和行动决定了你今天的生活，同样，你今天的思想和行动也会决定三年后你的生活，这些都是息息相关的。如果你有超前的意识，今天的你想着明天的你，今年的你想着明年的你或者后年的你，你就会与身边的人不同，取得巨大的成就。

一些有成就的犹太人，就是凭借自己的超前意识在社会上独树一帜、独领风骚的，他们能够根据当下的形势分析出未来。超前的意识和思维，能帮他们尽早地作出预测，采取行动，从而把握未来，让他们成为事业上的先行者。

哈同是一位富有传奇色彩的犹太商人。1872年，21岁的哈同从

印度来到香港谋生，但未有成果。于是，1873年，他又来到上海滩。他最初只是想在沙逊洋行做普通职员，后来，哈同凭借着自己的聪明才智渐得赏识，逐渐步入洋行的上层。1886年，他与罗迦陵结合，更是让他如虎添翼。哈同认为房地产在以后肯定会大有前途，于是他在房地产业发展起来，渐渐地变成了上海房地产界的领军人物。哈同控制着上海房地产的行情，在地产行情的潮起潮落中，无数的财富流入他的腰包。1931年6月27日的上海《时报》载文："哈同以敏捷的手段，一忽儿卖，一忽儿买，一忽儿招租，一忽儿出典……先生转移地皮操奇取胜，则其价日涨，至有行无市。"这就是哈同超前意识的真实写照，正是哈同的超前意识使他不断地赚取财富。

犹太人事业上的成功是很复杂的，但众多的因素中少不了超前意识。因为有超前意识，他们就不会将自己禁锢在以往的条条框框中，他们会寻求新的解决办法和解决途径，实现创新。很多成功人士的经验就是走一条自己的道路，往往他们在某行业中占得了先机，狠狠地赚了一笔之后，人们才会注意到这个行业的赢利高，并蜂拥而至，这时候先行者就会逐渐退出这个圈子，寻找下一个生财之道。这正是他们的超前意识所致。

拓展路途，插上创新的翅膀飞向高空

小小的创新往往孕育着无限的商机，成功和失败有时候仅仅就在一个小小的条件上。成功需要有不断地创新精神和创新能力，只有这样才能不断取得成功，一个固守成规旧习的公司是不会有大前途的，创新是事业的翅膀，只有创新，事业才能突飞猛进。一些人习惯走别人走过的老路，认为这样既节省时间，又能提高工作效率，殊不知这样的路只会让自己越走越窄，更有甚者可能将自己的未来都毁在模仿他人的做法上。

创新不是不切实际地一味空想，也不是闭门造车，而是要在原有的基础上进行适当的改造和创新。创新是一个国家富有生命力的标志，是一个民族不断前进的保障，是一个人不断走向成功的阶梯。在

现代社会没有创新的精神和理念，一味地按照原来的套路走，这样的结果只能是越来越难走。市场的竞争如此激烈，总有一天，你会在别人的创新中走向末路。经过第二次世界大战的磨难，犹太民族将眼光不再局限在原来的层面上，他们知道自己要想在短时间内积聚财富就得靠创新精神，就像那位犹太父亲教导儿子的那样，一加一等于二，这只是我们一般人看到的结果，如果想以创新取胜，你看到的东西就得比别人看见的长远、有前途。将自由女神像的废料加工成有价值的东西，只有有创新精神的人才能在这一堆废料中看到巨大的商机。这就是成功人士和一般人的不同之处。

犹太人的成功就是因为他们能在市场中看到无限的商机，与成功擦肩而过的人，经常就是被伪装迷惑了眼睛，他们看不到商机，只是看到了一些没有任何投资价值的东西，就这样，财富会一次次地离他而去。

创意思维，细节的别出心裁会有大收获

“小聪明”一般会被人理解为贬义词，耍小聪明就是投机取巧，不按正常的规则办事。其实，耍小聪明未必就是一件坏事，有些时候，小聪明也会变成大智慧。别具匠心的小聪明，在关键的时候，也能为你带来巨大的财富。犹太人经常会注意一些小的生活细节，他们在这些小细节中运用自己的小聪明，使其变成了发财的大智慧。

美国著名的休斯顿公司，董事长休得曼总是别出心裁地想出很多巧妙的招数去满足客户的需求。休得曼将这种别具匠心的小聪明也用在了消费者买东西的习惯上，他总是能在大千世界里找到发挥出他聪明的地方。以往商家卖东西的习惯是“买一送一”，这是常见的商品促销形式。休得曼有一家生产清洁剂的公司，他们刚生产的产品是能清洗机动车机件上的油污的一种清洗剂，生产后就用箱式车拉到各个机动车修理店去销售，但是销售的结果很不理想。后来休得曼想到一种聪明的销售方法，将以往商家的买一送一反过来用，就是买一件

很小的东西，赠送一件很大的东西。于是他将清洗剂和机件清洗机一起卖，就是买一瓶清洗剂送一台机件清洗机，结果清洗机的多功能性逐渐得到使用厂家的赏识，这种手段收到了很好的效果，创造了全州500多个机动车修理厂家都安上了这样的机件清洗机的纪录。表面看来，休得曼的公司亏损了500多台清洗机的钱，其实不然，因为三年后，清洗剂的销售价格超过了500多台清洗机的价格。后来，休得曼又想到将废旧的清洗机回收，将其加工成新的清洗机之后，再推向市场。这招又为公司赚取了大量的利润。短短的10年间，休得曼利用自己的小聪明为公司赢得了上亿美元的利润，给休得曼家族创造了高达百亿美元的资产。

休得曼成功的秘诀是将自己的小聪明经过独具匠心的运用后变成赚取大量财富的大智慧。有些人对这种小聪明不屑一顾，他们追求的是能够一下子就赚大钱的大智慧。休得曼用自己的成功经验为这些人上了一课：小聪明用得好，一样会成为赚钱的大智慧。

虽然有时候小聪明不见得能上大台面，但是小聪明却似一种润滑剂，经常能在名不见经传的地方发挥其意想不到的功效。犹太人不会将小聪明和大智慧分得那么清楚，在他们看来，只要能让自己赚到钱，到底运用的是什么招数，他们才不会去计较呢！

别具匠心的小聪明也是可以变成大智慧的。一位犹太出版商有一批滞销书，他在想尽办法后，决定送给总统一本，并屡次去征求意见，总统忙于政事，根本就没有时间看，便随口说了句“很好呀”，于是这个商家做广告说“现有总统爱不释手的书出售”，结果书全部售罄。后来，他又出了一本书，于是他故伎重施，这次总统准备看他的笑话，就说“这本书不好看”，出版商做广告的时候就说“现有总统讨厌的书出售”，结果书又全部售罄。他第三次这样做的时候，总统有了前两次的经验，一句话也没说就将其扔在了桌上，于是出版商做广告时就说“现有总统难以下结论的书，欲购从速”，结果书又一次销售一空。

出版商就是凭借自己的小聪明将书全部卖光的，他没有运用什么大智慧，运用的只是商人的小聪明，在一次次的广告中，我们可以看出他的智慧，如果他一直沿用以往卖书的方法，也许这些书永远也不

会被卖光。出版商正是凭借自己的小聪明狠赚了一笔。

世界上的事情随时在变，大智慧有大智慧的长处，小聪明有小聪明的优点，小聪明未必就是要手段，它只是特殊场合下的一种小智慧。不少犹太人就是凭借这种小智慧不断积累大量财富的。所以，不要瞧不起小聪明，独具匠心的小聪明有时候也是人生的大智慧，尤其是在商场上。

第3章

开创财源，犹太人对财富了如指掌

思想家：马克思　弗洛伊德

艺术家：毕加索　斯皮尔伯格

科学家：爱因斯坦　奥本海默

商业奇才：洛克菲勒　摩根　巴菲特　格林斯潘

政界要人：托洛茨基　基辛格　古里安　奥尔布赖特

正确认识金钱，理性认识世俗

犹太人一致认为金钱是他们世俗的上帝，世俗的上帝要比精神的上帝实在得多。在犹太人眼中，金钱无所谓高低贵贱之分，没有善恶之别，如果硬要说有什么区别，那就是使用者的好恶了。金钱在善意的人手中，就会生钱，而且会被用到正确的地方；金钱如果在恶人的手中，那么把它从这些恶人的手中赚回来，钱就会再次变为“好钱”，这也算是做了一件善事。犹太人对金钱的崇拜不亚于对上帝的崇拜，他们甚至直接将金钱定义为上帝，这种赤裸裸的对金钱的崇拜，让他们赚取了世界上无数的财富，让其他人羡慕不已。

在第二次世界大战中，有一个民族经受着磨难，历经杀戮而不被消灭，历经迁徙而不被文化同化，反而主宰世界的经济文化，这就是坚强的犹太民族。在二战的时候，无数的犹太人背井离乡，在异乡过着担惊受怕的日子。在这种艰难的日子里，正是金钱让他们得以保全生命，保住尊严；正是因为有了金钱，他们才在世界上占有不可或缺的一席。正因如此，犹太民族对金钱的崇拜才达到了痴迷的地步。犹太人的圣典《塔木德》一书中说：“钱是没有臭味的，它是对人类安逸生活的祝福。”由此我们可以看出犹太人是唯金钱至上的，这也正是犹太人称霸金融界的原因。犹太人认为金钱是上天派来的天使，是上帝赠与的礼物，金钱没有好坏之分，只要有利可图，只要不违反法律，所有的钱都是可以赚的，他们的目的只是让钱生钱。

在犹太人的思想中，主观对钱的性质进行定义是非常愚蠢的行为，同时也是一种无效的行为，因为金钱并无善恶好坏之分，只是用它的人不同而已。“人有钱就会变坏”，在犹太人的眼中这种说法是不恰当的。因为他们认为，使人变坏的并不是金钱，而是人的贪婪，贪婪是使人变坏的最根本的原因。如果一个人心境是好的，那么再多

的钱也不会把他变坏。只有贪婪的人才会在金钱面前变坏，为了拥有更多的钱，他们会不择手段。金钱的使用是分善恶的，既可以用钱去倒卖军火、贩卖人口，也可以用钱去建造学校、教堂，怎么用钱，将钱的价值最大程度地发挥出来，就取决于持有金钱的人的态度了。

犹太人对赚取金钱的态度是狂热的，虽然许多人也有这样的想法，但很少有人会将自己的意图挂在嘴边，而犹太人会将金钱观直接展现在我们面前。他们在有了明确的目的后，会全身心地投入赚钱的过程中。犹太人对金钱的追逐态度，为他们带来了举世瞩目的财富，他们成了世人关注的焦点。经过“二战”，他们不但没有被打压下去，反而更加强盛，这与他们的金钱观不无关系。他们知道，在这个世界上，只有金钱是一直适用的。对犹太人来说，金钱是他们须臾不可少的东西，所以他们会一直将金钱作为生命中追求的东西。

批评金钱的人经常批评有钱人的自私，但不能否认的是，金钱的确是推动世界前进的动力。犹太人对金钱的追求简单而又实用，他们知道，钱可以为他们带来很多他们想拥有的东西，所以他们不会停止追逐金钱的脚步。

犹太人有一句经典名言：“身体依靠心而存在，心则依靠钱包而生存。”睿智的犹太先哲们很久前就认识到了金钱的重要性，也正是因为有先哲们这种明智的教育理念，所以第二次世界大战时，犹太民族在希特勒的白色恐怖下，没有被打击殆尽，在他们最困难的时候，是钱给了他们最后的支持和力量。金钱给他们带来了上帝的温暖。聪明的犹太人在经历了无数风雨后，终于迎来了世界的曙光，金钱为他们博得了世界的敬佩。这也是他们在经历无数风雨后，上帝给他们最好的礼物。

深谙赚钱渠道，真正掌控财源

犹太人是世界上最厉害的商人，据不完全统计，现在居住在美国的犹太人大概有580万人，而在以色列仅有460万人，这是一个惊人的数字，居住在自己国家的人居然不如迁居到其他国家

的人多。美国是世界经济大国，“全世界的经济大权掌握在美国人手中，而美国的经济大权又掌握在犹太人手中”，无论这是不是真实的，都可以从另一个方面证明犹太人做生意的成功。

犹太人做生意技高一筹，因为他们已经将世界的主要赚钱来源分析得一清二楚。他们将赚钱的目标锁定在女人和嘴巴上。女人是金钱的实际使用者，世界以男人为中心，而男人又以女人为中心，金钱始终在围绕着女人转。他们对此的总结是：男人是赚钱的人，他们的钱不好赚。女人是花钱的人，她们的钱好赚。嘴巴是另外一个赚钱的主要来源。世界上拥有将近70亿的人口，嘴巴是消费的无底洞，这将是多么大的一笔财富！

世界上的大部分金钱通用以下原则：男人围绕着女人转，女人围绕着化妆品、服饰转，而金钱就掌握在女人的手中。女人是世界上一个很大的消费群体，围绕着女人的产业也是经久不衰的。犹太人很早就看透了金钱的使用法则，所以他们才能作出如此精辟的论断。爱美是女人的天性，女人可以不厌其烦、不知疲倦地逛街买东西，只要能够买到称心如意的东西，就是再累，她们也毫无怨言。而且，女性一旦看到心仪的东西，无论多贵，都会花钱买下来。犹太商人就是看透了女人的天性，才能不断地在女性用品的生意上财源滚滚。

施特劳斯是个犹太人，他亲手创办的“梅西”公司是专门经营女士用品的。最初他只是一个小商店的店员，在漫长的打工生涯中，他发现了一个有趣的现象：购物的客人多为女性，男士很少光顾，即使有也是陪女性一起来的，财政大权掌握在女人的手中。后来经过仔细的思考，他专门做起了女人的生意，自己开了一家小店——“梅西”，专门经营女性时装、化妆品和手袋等。经过几年的经营发展，小店的生意逐渐兴隆起来，他继续沿着这个方向走下去，不断扩大公司的规模，开始经营金银首饰、钻石等名贵饰品。在纽约的梅西公司，总共有六层，其中，两层专卖女性时装，化妆品占一层，金银首饰和钻石占一层，另外两层卖一些综合商品。由此可见，女性商品在他公司产品中所占的比例。正是凭借做女性的生意，施特劳斯终于走向了辉煌。

也有不少犹太人是通过做食品生意发家致富的。比如，英国的一

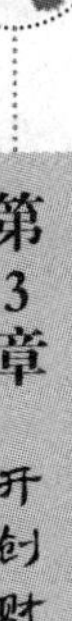

位犹太人詹姆斯，在1965年获得了“加云坎食品公司”的控股权，这家公司是生产糖果、饼干等各种零食的，同时经营烟草。公司的规模虽然不大，但是产品的种类很多，詹姆斯掌握了该公司的控制权后，进行了改革，将糖果延伸到巧克力、口香糖等多个品种；除增加了饼干的种类以外，还将饼干细分为儿童、成人、老人等不同种类；另外，还向蛋糕、蛋卷等方向发展。就这样，公司的销售额迅速增长。接着，詹姆斯开始在市场领域上下工夫，他除了在巴黎经营外，还在其他城市开起了分店，之后又在欧洲其他国家开了分店，形成了广阔的连锁销售网。到1972年，他的连锁店已达2500家，他的公司成为了世界上最大的食品公司。

犹太商人之所以会在事业上如此成功，不仅是因为他们抓住了机遇，更是因为他们有一双能发现商机的眼睛，能够及时地抓住到手的机遇。世界上的人口那么多，真正能在世界这个大舞台上作出一番成就的人少之又少，犹太人凭借长远的生意眼光，抓住了最能赚钱的两大方面。想在这两个方面赚钱的人不少，但是真正能做出一番事业的又有几个？犹太人的成功也与他们精明的头脑有关，同时还与他们不断改革、不懈进取的成功信念有关，他们不知足的精神成就了他们的事业。

精准时效的信息就是财富

犹太商人是非常重视市场信息的，在他们看来，掌握准确的消息是获得成功的重要条件。及时掌握大量准确的信息，对信息进行快速判断和决策，对市场行情准确地作出预测，是商人获得成功的一条捷径。如果掌握了错误的信息，或是对信息的决策失误，就是一件非常危险的事情，一时的不慎有可能导致满盘皆输，甚至危及生命。

历经商场风雨的洗礼与磨炼后，犹太商人逐渐形成了对信息的高度敏感和重视。日本人曾说，犹太商人对即将破产的公司感兴趣。经常是日本的企业还不知道，远在美国的犹太人已经着手准备收购了，

有些日本人甚至要从犹太人这里得到消息。从这里我们就可以看出犹太人对获取信息有多重视了。《塔木德》曾告诫犹太人："好好地利用好的信息，信息是有价的。"犹太人一直谨遵这条古训，利用一切可利用的资源，及时大量地捕捉对自己有利的信息，及时对这些信息作出正确的决策，让它们能发挥出最大的价值。犹太商人对信息和商报的重视，是非常人能比的，他们在信息上所花费的精力和财力也是别人不能比的。犹太商人知道今天这个社会，竞争最厉害的就是对信息的占有，谁拥有最有价值的信息，谁就是商场上最大的赢家。

美国著名的犹太实业家伯纳德·巴鲁克于30岁之前就已经因经营实业而成为了百万富翁。巴鲁克在创业伊始，也是颇为不易的，就是犹太人所具有的对信息的敏感，使他一夜之间发了大财。在他28岁那年，7月3日的晚上，他和父母待在家里，忽然，广播里传来消息，西班牙舰队在圣地亚哥被美军消灭，这意味着美西战争的结束。这天正好是星期天，第二天是星期一，按照常例，美国的证券公司在星期一是关门的，但伦敦的交易所照常营业，于是，巴鲁克意识到如果在黎明前赶到办公室，他就能发一笔大财。当时是1898年，小汽车尚未问世，而火车在夜间又停止运行，这种在旁人看来也许觉得束手无策的情况下，巴鲁克急中生智，想出了一个绝妙的主意，他赶到火车站租了一辆列车。终于，巴鲁克在黎明之前赶到了自己的办公室，做成了几笔大的交易。他大获成功，主要是缘于他能对信息进行正确分析，分析出对自己有利的信息。

犹太商人认为要想获得成功，不仅要获得准确的信息，同时还要既能对信息进行准确的决策，又有行之有效的措施，这样才能使信息变成金钱，否则就是空想。美国佛罗里达州的一个犹太小商人，见一些家务繁重的母亲经常急急忙忙地上街为孩子买纸尿片，就想办一个"打电话送尿片"公司。送货上门本不是什么新鲜事，但是送尿片业务却没有什么公司愿意做，因为它本小利微，基本赚不到什么钱。但是，这个小商人却认为这是一个良机，于是他想到了美国最廉价的劳动力——在校大学生，他让他们使用最廉价的交通工具——自行车送货，后来又将业务范围扩大到兼送婴儿药物、玩具和婴儿食品等，随叫随到，并只收15%的服务费。如今他的生意越做越兴隆。

从这两个小例子中我们可以看出，犹太商人之所以在商场上叱咤风云，有他们成功的必然因素，世界上没有随随便便的成功，就算是有，也不会太长久。在对信息的掌握上，犹太商人给全世界的人作出了成功的表率，他们对信息的敏感、对信息的理性分析、紧抓时机的勇气和行动，都是他们成功的原因。

很多人不成功，不是因为他们没有准确的信息和对信息的分析能力，而是因为他们缺少行动的勇气和智慧。得到的商报和信息是已经发生的事情，世界每时每刻都在发生着变化，我们所掌握的信息，有可能瞬间就会失去利用价值，所以要及时地抓住稍纵即逝的机会，只有这样成功才会垂青于你。仔细研究一下犹太商人的成功，就会发现，他们是及时抓住时机的商机高手，正因为他们有这种能力，才能在金融界独占鳌头。也正因如此，他们才能将世界的财富大量占有。

犹太商人的成功是必然中的必然，让其他民族的商人不得不服。

拥有一双随时发现赚钱商机的眼睛

“机会青睐有准备的人”，这是几乎人人都知道的真理。犹太商人将这一至理名言牢记在心，他们做好了一切准备等待着机会的光临。不仅如此，他们还会自己制造成功的机会。犹太商人之所以能在美国创造出一片属于自己的天空，与其善于发现商机、能及时抓住商机有直接关系。

“牛仔大王”李威·施特劳斯就是一个非常典型的例子。1850年，李威·施特劳斯出生于德国的一个犹太家庭。1870年，他与一批年轻人漂洋过海来到美国旧金山，投入美国西部的淘金热潮中。当时，成千上万的人把眼光盯在金光闪闪的金子上，李威却独具慧眼，把发财梦寄托在牙膏、肥皂、火柴、毛巾、饼干等微不足道的小商品上，并且以少量的资金在金矿上办起了日用品商店，李威的举动遭到了和他一起来的伙伴的强烈反对，他们认为这样根本就赚不到大钱，甚至可能连路费都赚不到，然而李威的判断没有错，他的生意越来越红火。有一天，他听到两位淘金的工人在谈话，说如果用做帐篷的布

做裤子，肯定结实又耐穿。说者无心，听者有意。李威发现人们当时穿的裤子是棉布的，很不耐穿，于是他就找了几个工人，一起用做帐篷的布做了几条裤子，没想到销路特别好。于是他就不断生产这样的裤子，还不断将其进行改革，后来，美国的年轻人渐渐喜欢上这样的裤子，并将其看做时髦的标志，发展出了牛仔热，这种裤子就是后来风靡全世界的牛仔裤。和李威同去淘金的人没有几个因为挖到金子发了大财，但是李威抓住了商机，并借此成就了自己的一生。

《塔木德》中说："幸运之神会光顾每一个人，当她发现这个人没有做好准备迎接她的时候，她就从门进去，从窗户再走出来。"犹太人不是因为得到幸运女神的恩宠，而在商场上独占鳌头的。犹太人善于发现商机，并能及时地抓住商机，这是他们在商场中经过无数考验磨炼出来的。他们一直笃信，商场就是一个没有硝烟的战场，战争是残酷的，商场上虽然见不到流血，但也是几家欢喜几家愁。犹太人就是在商场这个大环境中练就了能够及时发现机会的火眼金睛，也练就了能够及时抓住时机的手。

机会不是时时都有，等待机会降临的人是愚蠢的。很多时候机会需要自己去创造，空等机会的垂青，只会错过无数的时机。《塔木德》告诫犹太人："愚者错失机会，智者善抓机会，成功者创造机会。"人有时候就是这样对待机会的，想成功的人，不仅要善于抓住到手的机会，往往也需要自己去制造机会，这样才能实现自己的成功。

美国小伙儿约翰在一家合资公司做白领，他觉得自己已经有了很好的成绩，却得不到上级的赏识。他经常想，如果有一天能见到自己的老总，展示一下自己的才华就好了。他的同事汤姆和他有一样的想法，但是汤姆更进一步，去秘书那里打听到了老总进电梯的时间，并在这个时间进电梯，以便能够见到老总。他们的犹太同事艾萨克则比他们更进一步，他详细了解了老总的奋斗历程、毕业的学校、处事风格以及关心的问题，想尽一切办法设计了几句精妙的语句，在适当的时间和老总乘一部电梯。在见了几次面之后，他终于和老总长谈了一次，不久，艾萨克就获得了提升。

为什么三个人都有同样的目的，但只有犹太小伙子艾萨克获得了成功呢？因为艾萨克懂得为自己制造成功的机会，另外两个人虽然有

成功的愿望，但是他们不会为自己制造成功的机会，成功只能与他们擦肩而过了。犹太人能在商场上如鱼得水、应对自如，靠的不仅是他们的运气，还有他们的勤奋、努力，更重要的是，他们能够在别人视为平常的事情中发现无限的商机，并将这一商机研究透，将它活用到底。

朋友是财富，关系到了财就来了

犹太人很早就意识到，有好人缘就有财源。他们非常清楚人际关系在事业上的重要性，几乎人人都是处理人际关系的高手。犹太人一般喜欢单独做事，他们通常是自己单独成就一番事业。但是，遇到可能无法单独完成一份事业的情况，他们也会选择一个合作伙伴，等到时机成熟的时候，再自己单独做。这个伙伴，必须要经过严格的挑选，这个人必须要有一定的实力，要学识渊博，精明能干，最重要的是要诚实守约。因为诚信一直是犹太人最看中的品质。犹太人这种“曲线救国”的方案，结果证明是可行的。至于这个合作伙伴，往往是通过好人缘找到的。

犹太人很重视培养自己的人脉，他们经常会在周末宴请自己的朋友、伙伴甚至是同事，因为这些关系说不定哪一天就是他们成功路上最重要的一环，所以犹太人一般不会吝惜花在这上面的银子。这与我们中国的一句话非常切合，那就是“在家靠父母，出门靠朋友”。话俗理不俗，犹太人用自己的行动完美地阐释了这句话。

犹太人到哪儿都会受到关注，因为他们有无穷的智慧、精明的头脑。犹太人常用的经商手段就是“借鸡生蛋”，当犹太人看到某件事情有利可图时，即使有某方面的困难，他们也丝毫不担心自己解决不了。“是的，凭我一个人的力量可能解决不了，没关系，我可以请我的朋友和亲戚帮助我”，于是，在决定要做这件事情的时候，他会迅速组建自己的“亲友团”来为自己帮忙，从而做成自己认为能够赚钱的事业。犹太人在销售工作上尽显他们处理人际关系的高明之处，看完他们的做法，估计十之八九的人会自叹不如。

犹太人在销售工作中，白天见客户，主要的目的不是向对方推销

产品，而是为了记住客户的长相，晚上下班以后，他们会悄悄地跟踪客户，记住对方的地址，然后去客户家送礼物，客户不好意思白要人家的礼物，只好乖乖掏钱购买产品了。一桩桩生意就这样轻而易举地做成了。

最让人惊叹的是犹太人的保险销售，现在，保险行业在我国也逐步壮大起来了，但是，早在19世纪的时候，犹太人的做法就已经值得我们学习了。犹太人的保险公司经常做的一件事就是在过节的时候给自己的客户送贺卡、礼物，一送就是很多年，坚持不懈，客户也会因此成为公司的宣传员，会将这家公司介绍给更多的朋友和亲戚。有些孩子是在很小的时候先认识贺卡，然后才知道了保险。保险公司这样花小钱搞好关系，以便日后赚大钱的做法，真的是一本万利。拥有好人缘不是一朝一夕的事情，这是一项费时费心的工作，保险公司的成功就是他们善于建立人际关系的结果，在这项慢工出细活儿的工作中，他们持之以恒的信念，是他们能够不断将事业做大做强的保障。

犹太人对人缘的重视正是缘于他们对财富的追求，同时，因为在人际关系上做足了功课，他们更容易在事业中获得成功。我国现在正流行的"人脉"这个词，也显示出人缘的重要性。人际关系处理得不好，说不定就会功亏一篑；人际关系处理得好，其他条件即使比竞争对手差点也无所谓，"说你行，你就行，不行也行"。

精明的犹太人在很早以前就认识到人缘在事业上的推力，所以他们才会不惜血本，构建自己的人际关系网。正是这个人际关系网，在他们最为关键的时候，给他们带来巨大的经济效益。人缘的功效不是立竿见影的，而是一种厚积薄发、左右逢源的人际渠道。所以，商人要想在商业上取得成功，一定要先拥有好人缘。

财富源于充满知识的智慧头脑

精明的犹太人之所以能不断赚取越来越多的钱财，不是因为他们多能吃苦、多努力，而是因为他们精明的头脑，能让智慧不断从脑袋中蹦出来，变成实实在在的钱，并赚取更多的钱。犹

太人之所以会有无数赚钱的想法，是因为他们善于动脑，能在别人习以为常的地方看到无限商机，并用自己的聪明才智将它变为切实可行的赚钱方案。

犹太人经常能够想出一些赚钱的妙招，这得益于他们细致的观察力，能够注意到别人经常忽视的细节，并能从这些细节中发现巨大的商机。犹太人一般知识比较渊博，这使他们能在适当的时候发现最佳的商机。如果知识储备不够，即使商机近在眼前，也会视若无睹。所以，为了让头脑中有更多赚钱的思想和观点，同时有更多的赚钱渠道，他们经常会读很多书，他们每年的人均读书量是世界上最多的。

他们不仅知识渊博，而且为了能够验证脑中的赚钱方式是否有效，犹太商人在经商之前一般都要进行心算能力训练，这样就能在很短的时间内算出自己做某件事情有多少利可图，到底能不能挣钱。下面的这个例子，让我们对犹太人的心算能力大为叹服。

20世纪90年代后期，一个犹太商人到我国一家服装厂参观，工厂的老板负责陪同。在参观过程中，老板滔滔不绝地向犹太人讲述工厂的历史和文化，以及工厂的经营状况。这时，犹太人在一个女工的工作台前停住了，他问老板："这些女工平均每小时的工资是多少？"老板立刻愣住了，他思考了一下，说："这……她们每月的薪水是850元人民币，每个月工作25天，每天就是34元，一天工作8小时……"老板还没有算清楚时薪，犹太人却说："啊，每小时0.5美元。现在人民币对美元的汇率是8.5：1。"

犹太人为了想到更多的赚钱方法，经常运用一切的方式，哪怕是让自己入乡随俗，学习另外一个民族的文化，或接受另一个民族的传统。他们经常在熟悉了异族文化后，再仔细思考出真正有利于自己赚钱的想法。

一个在中国生活的犹太人，从一个看门人，逐渐变成一个靠出租房子赚钱的小房地产商。有钱以后，他处处精打细算。一个修鞋匠在他的房产附近支了一个小鞋摊，他也要每个月收人家五块钱的租金；别人都是按阳历来收房租，而他却是按阴历来收，因为他发现阴历每个月只有29或30天，每三年有一个闰月，这样，他就可以平白无故地多收一个月的房租。就这样，短短几年的时间里，他赚取了大量的财

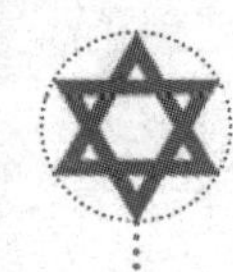

富。通过这两个例子，就可以看出犹太人到底有多精明。

这个犹太人只是普天之下所有犹太人的一个缩影，世界上的犹太人千千万万，几乎所有的犹太人都能用自己的聪明才智赚取数量可观的金钱。

犹太商人的赚钱头脑不仅体现在事业上，更体现在他们的休息时间上。他们不会占用自己的休息时间去赚钱，因为如果休息时间被占据，他们的寿命就会减少；而不占用休息时间，他们的寿命就会延长，这样他们就有更多的时间去赚钱。延长寿命赚的钱要比他们加班赚的钱多，于是他们不会为了赚点加班费而占用自己的休息时间。为了让自己头脑中的赚钱想法越来越多地变成现实中的钱，他们是不会透支自己的身体的。有了好身体，自己头脑中的钱才会源源不断地变出来；没有身体的保障，一切都是零。

犹太人就是凭借他们的智慧头脑，在世界上占有了大量让人羡慕的财富。

拥有精通的强项等于敲开了财富之门

犹太人在世界上占有重要的一席，这与犹太人自古传承下来的一些习俗有关。古代的犹太人有一个习俗，那就是父亲必须教给孩子一技之长，以便孩子长大以后可以自力更生。

当今世界上，拥有一技之长的人，是行走于各处都不会失业的人。律师、医生、教师等都是拥有一技之长的人。拥有一技之长，你就可以在某方面知道得比别人多，技术比别人精湛，只有这样，才能在社会上有一席立脚之地。现在的世界竞争尤为激烈，拥有一技之长已经成为安身立命之本。

几乎所有有成就的犹太人都有一技之长，他们会在自己精通的领域里作出一番成就。这与他们从小受的教育有关。因为犹太人的父母会在孩子很小的时候，就向他们灌输一些谋生的知识，孩子在十三四岁的时候，几乎已经可以自立谋生了。他们从小就懂得要想以后多赚钱，必须要有自己的独特之处的道理，只有这样，以后才能成就一番

事业。

梅耶·罗斯柴尔德出生于一个备受歧视的犹太人居住区，在梅耶10岁的时候，他父亲便开始向他传授做生意的方法，梅耶不但从父亲那里学到了赚钱的技巧，还培养了对古钱币和古董的兴趣。他十分起劲地收集中东、俄国以及欧洲的古旧钱币，加以整理出售。终于有一天，他得到一次向一位将军兜售古钱币的机会，他把收集到的古钱币统统拿出来给将军和他的朋友看，并侃侃而谈每一枚钱币的来历和典故。尽管他年仅20岁，可他渊博的知识和幽默的谈吐，吸引了每一个人。当时他就在想，这是一次千载难逢的机会。于是，他针对顾客处于上流阶层这一特点，为古钱币生意开辟了一条独特的途径，并下工夫造了一个一般商人无法做到的噱头：他将古钱币以邮购的方式推销给各地的皇亲贵族，还把稀罕奇珍的古币图片做成精美的画册，并附上亲笔信，寄给那些想买的顾客。一天，他得到当地的领主比海姆公爵的召见，一直等候的梅耶，便以几乎是赠送的价格，不惜血本地卖给公爵他珍藏的珍贵的古代徽章和钱币。

梅耶十分清楚，要想在这个犹太人备受歧视的社会里脱颖而出，接近手握大权的领主并博得其欢心是最有效的手段。他就利用这次机会博得了领主的欢心，同时还帮助公爵收集一些古钱币，极力帮助公爵赚钱。就这样，他不仅赢得了领主的信任，还与其建立了深厚的关系，同时他也获得了丰厚的收益。这种做法以后成为罗斯柴尔德家族的一种基本策略被延续了下来。在梅耶25岁那年，他获得了“宫廷御用商人”的头衔，在他45岁那年，法国大革命爆发，比海姆公爵做起了军火生意，梅耶于是借着公爵的威望和便利，赚取了暴利，为罗斯柴尔德家族奠定了不可动摇的根基。后来，他的家族在100多年中积累了4亿英镑的惊人财富。

梅耶正是凭借自己的一技之长成就了罗斯柴尔德家族的今天，他的一技之长为他以后的事业打下了坚实的基础，使他在一个犹太人备受蹂躏的社会里依然能创造出骄人的成绩。

几乎所有的犹太人都坚信拥有一技之长是赚取财富的钥匙。犹太人自古就是以经商闻名世界的，他们在祖先时代留下的传统里，一直秉承着追求财富的信念，而拥有一技之长是赚取财富的捷径。于是，

几乎所有的犹太人都会学习一技之长，这不仅与他们自身受的教育有关，更与他们身处的文化环境有关。犹太人一直奔波于世界各地，在动荡的年代里，他们只有依靠一门技艺才能在世界上行走，而不被饿死。这本是他们不得已的选择，在经过无数风雨的洗涤之后，这种习俗被当做优秀的传统传承了下来，世世代代的犹太人从中受益，并获益终生。

灵活转动财富，一切皆有可能

犹太人最大的追求就是赚取大量的财富，他们的经营策略是把钱用活，他们最希望看见的是小钱生大钱，这么不可思议的事情，在犹太人的字典里就是可能的。

犹太人在生活中总会为自己预留出下一次赚钱的本钱，本钱是用来赚取更多钱的，拥有它的人不可以将它挥霍掉，必须小心经营。这句话还包括深层含义，就是“不可把钱存入银行，指望它给人带来利息”。犹太人将财富视为他们的上帝，所以他们会想尽一切办法地用钱去赚取更多的钱，就是将钱用活、赚活钱。这是犹太民族世代流传下来的习惯，犹太人不会满足于赚钱的多少，在他们看来，人活着就是应该赚取财富，所以只要不触犯法律，他们甚至不惜利用法律的漏洞。

希尔顿酒店的创始人希尔顿就是一位把钱不断用活的犹太商人。希尔顿在最初创业的时候只有5000美元，可是他看中了一块30万美元的地皮，于是希尔顿找朋友凑了10万美元，找到地皮的主人，希望他可以将这块地租借给他，租期是100年，分期付款，每年的租金是3万美元，如果资金还不上，那么土地的主人可以将其连旅馆一起收回。就这样，希尔顿用3万美元买下了这块土地一年的使用权。后来，希尔顿又将土地抵押出去，借助银行的30万美元贷款加上支付主人后剩下的7万美元及另一个开发商投资的20万美元，总共是57万美元，开办了希尔顿酒店。酒店建设到一半的时候，他的资金用完了，于是希尔顿又找到土地的主人，并且告诉他，只要饭店完工了，他就是这家

饭店的主人，而希尔顿只是租赁使用，每年会给他不下10万美元的租金，就这样，希尔顿酒店终于一步步地建成了。1925年8月4日，用希尔顿名字命名的“希尔顿酒店”正式开业，他的人生就这样一步一步地走入了辉煌时期。

希尔顿的发家史就是将钱用活的实例。犹太人的赚钱方法就是用钱赚钱。他们之所以在世界金融界独占鳌头，就是因为他们拥有这种本领。犹太民族一直对挥霍钱的行为深恶痛绝，他们希望将每一分钱都花到该花的地方，而不是将钱挥霍掉，所以他们认为应该将钱活用，赚取更多的活钱。纵观犹太人的历史，但凡在世界富豪榜上留名的人，没有一个不是活用钱，然后去赚取更多活钱的，因为他们的目标不是手上有在别人看来十分可观的钱。他们追求的是更多的钱，至于到底是多少钱，他们根本不会在意，因为他们追求的是将更多的钱据为己有的快乐。

在犹太民族中，孩子从小就被父母教育如何自己想办法去赚取零花钱。有一个小男孩，7岁的时候，父亲就告诉他，可以通过做家务赚取一些零花钱。当他再大些的时候，父亲又告诉他，现在他只能通过干活赚取零用钱，于是小男孩就到农场帮父亲干活。有一天，他看到一只没人要的鸡，于是把鸡卖了赚了钱。后来，他学会把自己攒的钱借给小伙伴，并让他们连本带息一起还，于是他开始了把钱用活并赚取更多金钱的历程。

这就是精明的犹太人给孩子上的第一课，在其他孩子还在玩耍的阶段，犹太人的同龄孩子已经可以自食其力，自力更生了，而且他们经过自己的实践已经懂得用活钱去赚取更多活钱的道理。这也无怪乎犹太人会称霸世界经济。我们精读犹太人的历史，会发现他们就是将钱用活去赚取更多活钱的。犹太人精明的赚钱意识为他们带来了无数的财富。

第4章 主动出击，犹太人绝不被动受困

思想家： 马克思　弗洛伊德

艺术家： 毕加索　斯皮尔伯格

科学家： 爱因斯坦　奥本海默

商业奇才： 洛克菲勒　摩根　巴菲特　格林斯潘

政界要人： 托洛茨基　基辛格　古里安　奥尔布赖特

英雄多磨难，逆境缔造辉煌

什么是逆境？逆境就是人在做某件事的时候，不仅做起来不顺利，还有可能遭受挫折和失败。没有人的一生能够一帆风顺，总会有各种各样的坎坷。在这个世界上，犹太民族是经受坎坷最多的民族之一。犹太人对挫折的认识是积极的，他们认为逆境是主在考验他们的意志，他们始终抱着一颗积极的心去面对逆境。

逆境是一道分水岭，有人在逆境面前颓废沉沦，觉得这就是自己的末日，自己再也不可能重现以往的辉煌，于是这些人在逆境的泥潭里消失无踪了；有的人却积极地应对逆境，因为他们相信风雨之后就会有彩虹，他们沉着地应对逆境给予的难得的训练机会，将自己锻炼成一个能经受任何风雨的钢铁战士。在犹太人眼中，逆境就是一种财富，它不仅可以考验你的意志，而且能够锻炼你的能力。

犹太民族在以色列建国以前，一直处于四处流浪的状态，他们四海为家，没有国家的庇护，经受了许多欺负和嘲笑，但是他们并没有就此消沉下去，依然积极地面对每一天。在第二次世界大战的时候，希特勒对犹太人的赶尽杀绝让人不寒而栗。而犹太人并没有在这一次次的逆境中消失，而是将自己磨炼成一个能经受百战的民族，他们已经不惧怕任何逆境了。

犹太实业家路德维希·蒙德，学生时代曾在海德堡大学同著名的化学家布恩森一起工作，他发现了一种从废碱中提炼硫黄的方法。后来，他移居英国，将这一方法带到英国，几经周折，才找到一家愿意同他合作开发的公司，结果证明他的这个专利是有经济价值的。蒙德因此萌生了自己开办化工企业的想法。他买下了一种利

用氨水的作用将盐转化为碳酸氢钠的方法的专利，这种方法是他参与研究的，当时还很不成熟。他在柴郡的温宁顿买下一块地，建造工厂。同时，他继续实验，终于解决了技术上的难题。1874年，厂房建成，起初的生产状况并不理想，成本居高不下，连续几年完全亏损。同时，当地居民由于担心大型化工厂会破坏生态平衡，都拒绝与他合作。犹太人在逆境中的坚韧性格帮助了他，遇到如此大的逆境，他依然毫不气馁，终于在建厂6年后取得了重大的突破，产量增加了3倍，同时成本也降了下来，产品由原先的每吨亏损5英镑，变成了赢利1英镑。人们纷纷涌入蒙德的工厂寻求工作，因为工厂规定，只要在这里做工，就可以获得终身保障，父亲退休的时候工作还可以传给儿子。后来，蒙德的企业成了全世界最大的生产碱的化工企业。

逆境中应该学会坚强，在逆境中磨炼一颗能经受任何挫折的心。《圣经》认为人生来就是要赎罪的。犹太人也一直认为人生来就要经受苦难，一个人死的时候，就是苦难结束的时候。由此我们可以看出犹太人对逆境是多么习以为常。而有些人在遇到逆境的时候，不是怨天尤人，就是怨声载道，结果终于在唉声叹气中向逆境缴械投降了。

犹太人对待逆境的态度值得我们每一个人学习，他们在逆境面前泰然自若，依旧做自己该做的事。他们明白，自己再怎么惊慌失措，事情终究要解决，解决的办法只有一个，那就是行动。

在逆境中，我们可以积蓄自己的力量，可以锻炼抗击打的能力；可以看出谁是我们志同道合的朋友，谁是不值得深交的小人。逆境不是成功路上的绊脚石，而是通向成功的垫脚石。成功不会随随便便就降临在人们的头上，只有经受了逆境的成功，才能存在得更长久。

业精于勤，不懈的努力是成功的缘由

犹太人一直被认为是世界上最聪明的人。全球有1500万的犹太人，占全世界总人口的0.3%，可是，他们获得诺贝尔奖的比例却是其他民族的100倍。美国有560万犹太人，占美国人口的比例只有1.9%，但是，排名前400名的美国富翁中，有100名是犹太人。这些似乎都印证了犹太人的聪明。

但是，说某个民族的人生来就比其他人更聪明，不仅是荒谬的，而且是没有任何根据的。如果仔细研究就会发现，犹太人之所以拥有如此多的荣誉，完全是因为他们的勤奋和执著。也正因如此，他们会比其他民族的人更容易成功。

犹太人喜欢专注于一个个狭小的领域，他们一般都勤奋地专攻自己所熟悉的领域，而且非常执著，因此七八十岁的老犹太科学家依然会获得诺贝尔奖。他们的一生都在勤奋地耕耘自己的事业，所以成功才会属于他们。

赫伯特·查尔斯·布朗1912年出生在伦敦一个手工制造金饰品的犹太家庭，他父亲为了躲避排犹，把家迁到了美国的芝加哥，并在那里经营一家小五金店，日子过得不算富裕。布朗的父亲从孩子很小的时候就按犹太民族的方式教育孩子长志气、努力上进……后来，又倾其所有供他上学。小布朗十分用功，放学后还坚持学习，家里没有电灯，于是他就到路灯下学习。下雨的时候，就打着伞在路灯下学习。他的学习成绩进步得很快。布朗14岁的时候，父亲去世了，于是他不得不退学来经营五金店，可是他还是一直在坚持自学。母亲知道他想学习，于是就在他17岁的时候，让他去读了高中，虽然他已经三年没有上学了，可是他依然凭借自己的勤奋以优异的成绩考上了赖特初级学院。在大学期间，他对化学产生了浓厚的学习兴趣，教授十分看好他，并一直指导他学习，还建议他去芝加哥大学学习。对于一个穷孩子来说，这是一件十分困难的事。因为他需要一边打工一边读书，只有靠奖学金才可以上学。后来，

他果真考取了奖学金进入了芝加哥大学化学系。布朗进入芝加哥大学以后依然十分勤奋，仅用了9个月的时间就完成了大学4年的全部课程。大学毕业后，由于他的勤奋刻苦，他成了著名化学家斯蒂格利茨的助手。他一边工作，一边读研究生，仅用一年时间就获得了硕士学位，又在第二年得到了博士学位。后来，凭借自己的勤奋，他在有机硼方面作出了独特贡献，1979年，他获得了诺贝尔化学奖。

人必须经过勤奋努力才能在某方面获得成功，布朗就是凭借自己的勤奋才取得了如此骄人的成绩。一个人无论天生再怎么聪明，如果自己不注重后天的学习，天分终究会在某天消失。而一个人无论天生再怎么普通，只要有勤奋的精神和毅力，将来也会获得骄人的成就。众所周知的著名物理学家爱因斯坦，小时候曾被老师认为是笨学生，可是他后来取得了物理学上的重大成就。他的至理名言是："在天才和勤奋之间，我毫不犹豫地选择勤奋，它几乎是世界上一切成就的催生婆。"

许多成功人士一直在用他们的亲身经历向我们阐述着——人如果想取得超常的成绩，非得付出超常的努力不可。如果你想取得成功，就要比别人更加勤奋。犹太人的生存方法之一是培养勤奋的习惯。在犹太人的家庭里，父母往往非常注意培养孩子勤奋的习惯。犹太人认为，对于勤奋的人，造物主会给他们最高的荣誉和赞赏；而那些懒惰的人，造物主不会给他们任何礼物。

犹太人对于勤奋的理解和我们不一样，在他们眼中，勤奋并不是一味地吃苦，他们会将此认为是不会产生多少作用的蛮干。他们认为，老板可以自己不勤奋，但是他应该能让他的员工勤奋。所以就算是要勤奋，他们认为那也应该是能产生巨大价值的勤奋，而不是一味地埋头苦干。很多成功的商人在最初创业的时候，一般都是靠勤奋才成就一番事业的。在成就事业之后，他们也会勤奋，只是这种勤奋，会用在管理等其他统筹方面的工作上。

由此我们可以知道，勤奋是犹太人成功的一个很重要的条件，没有勤奋的努力，也许就没有今天犹太人的辉煌成就。

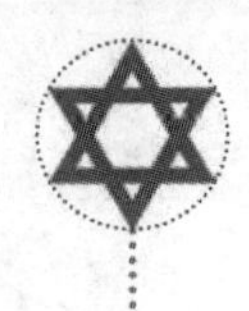

实际一些，此刻就开始向目标出发

犹太人一般都习惯给自己制订一个明确的目标，然后根据目标采取行动，并利用行动逐渐实现自己的目标。在犹太人看来，在人生的竞技场上，如果没有确定的目标，不能在逆境中完善自己，是不会成功的。

在犹太民族中有一个流传甚广的故事。有一个年轻人向首领讨要一块土地，首领给了他一根标杆，让他把标杆插到一个适当的地方，并答应他：如果日落之前能返回来，就把首领驻地和标杆之间的土地送给他。年轻人因为走得太远不但日落之前没有返回来，而且还累死在半路上。这个年轻人因为没有自己的目标，所以他失败了。

犹太人认为制订一个明确的目标很重要，这个目标一定要根据自己的实际情况来定，而且不能定得太多，否则只会让人更加筋疲力尽。只有切合实际而且通过努力可以实现的目标，才会成为激励人们前进的动力。

犹太人一直将聚拢财富视为自己的目标，他们为了赚钱，经常会在办公室的门上高挂免扰牌，上面写着："免扰，我在挣钱！"这虽然只是犹太人生活中的一个小细节，但足以说明他们为了实现目标，有多强的执行力，他们做任何事情都围绕着目标。他们甚至将时间精确到秒，即使与人交谈，也要限制在仅仅几分钟之内，因为时间就是金钱，盗窃他们的时间就是在偷他们的钱。

实际上，往往奋斗目标越鲜明、越具体，就越有益于成功。因为每个时刻，你都在计算着自己离目标还有多远，每实现一个目标，你就会更有信心去迎接下一个挑战。所以犹太人经常因实现自己的小目标而精神振奋，他们每天都在计算自己赚了多少钱，目标已经实现多少了，他们精神百倍地去完成每天自己制订的任务，就这样一步步地走向成功。

犹太人的这些习惯是值得我们每个人学习的，只有制订目标的人才会使自己的人生活得精彩。没有目标的人就好像没有罗盘的船，不

知道自己的人生航向在哪儿，到底哪里才能靠岸，只能四处乱划。有了目标的人，就会一往直前、心无旁骛地使自己到达想要去的地方，就算最终无法实现自己的目标，人生也一定会无怨无悔。

不受外界影响，积极地做自己的事

《犹太法典》里有一篇文章，题目是《积极主动地做事》。文中有一句话："现在动手吧！当你意识到拖延懒惰的恶习正在你身上显现时，你不妨用这句话警示自己。从任何小事做起都可以，并不是事情本身有多么重要，重大的意义在于突破了你无所事事的恶习。"

犹太商人做事总是采取积极主动的态度，这样不仅可以避免自己受到不必要的伤害，而且还可以主动创造有利于自己的环境。犹太人一致认为，主动的人不会坐等命运的安排或贵人的相助，自己的幸福和成功都掌握在自己的手中，这些东西都是要靠自己争取的，别人是给不了的，所以如果想占有主动，就得积极主动地做事。

现在社会上有很多人只是一味地空想自己究竟能有多优秀，有多成功，完全不知道自己再怎么想都不如实际行动有用。在公司中，老板喜欢那些会主动做事的员工，因为他们不会夸夸其谈，到处吹嘘自己，而是经常俯下身子默默地做着自己应做的事。只有积极主动做事的人才不会犯眼高手低的错误，他们不会让老板操心，是老板的得力助手，这样的人才更有机会获得老板的赏识，也更有机会得到老板的提拔。

某天，一家犹太人开的公司面试新人的时候，主考官将10个应聘者叫到办公室里，然后指着一个柜子说："请你们想尽办法将这个柜子搬出去，给你们三天的时间考虑。"所有的人都觉得将这个柜子搬出去是不可能的，因为柜子是铁的，而且柜子的体积还挺大，这个柜子那么重，人怎么可能将它搬出去呢？三天以后，有9个人交了答卷，他们的想法也是五花八门，有的说用杠杆原理，有的说将柜子拆开……前9位应聘者都提出了自己的方案，只有第10位应聘者没交答

卷。第10位应聘者是一个柔弱纤细的女孩子，只见她走进办公室，什么话也没说，直接走向柜子，一使劲就将柜子搬了起来，毫不费劲地将柜子搬了出去。所有的应聘者都惊呆了，原来“铁”柜子并不是用铁做成的，而是用泡沫做的，只是在其表面镀上了一层铁。面试的主考官就是想用这种方式来考验应聘者的实际动手能力。

且不管这个故事是真是假，它向我们阐释了一个道理，那就是只有积极主动做事，才能将事情办妥，只是一味设想，解决不了问题。人们在困难面前之所以会失败，很多时候并不是因为问题很难克服，而是因为人们被它的样子吓倒了。这个时候就更需要积极主动做事的习惯，有时候机遇往往就是用困难做伪装的。

积极主动做事的人在面对各种困境的时候，会保持一颗永远积极上进的心，他们不会因为前景不可预知以及险象环生，就将自己吓倒了。空想是解决不了问题的，一味地空想，根本就不切合实际，只有积极主动地调查实际情况，根据实际情况作出行动的计划，才能在最短的时间内解决问题。

现在的社会上有很多草根创业者，他们的一个好习惯就是积极主动地做事。他们在与客户、合伙人、投资人交往时始终是以积极主动的姿态出现的。他们积极主动地出击，即使遭遇挫折磨难，也始终保持积极主动的习惯，因为他们相信，成功会属于他们。很多犹太人之所以能成功，就是因为他们积极主动地做事，赢得了老板、客户的欣赏与器重，使他们有更多的机会获得成功。积极主动地做事不仅是他们富有活力的标志，而且也表示他们有一颗积极、乐观、向上的心。

人只有积极主动地做事，才能成功。所以，遇到事情的时候，一定要记住，只有积极主动地做事，成功才会属于你。

随时优化自身，成就就在自己手中

“他山之石，可以攻玉。”犹太民族将这一精神运用得非常好。犹太人在近2000年里失去了自己的国家，

饱受蹂躏。他们流散于世界各地，吸收其他民族的先进文化，发展本民族文化中的精华，取得了重多的成就。

“金无足赤，人无完人。”每个人都有自己的优点和缺点，有的人善于学习别人的长处，改正自己的短处，这样的人进步很快。犹太人的家庭教育就非常重视培养孩子取长补短的能力，商场上，他们更是将这一传统发挥得淋漓尽致。

斯特纳夫人在女儿很小的时候，就教她进修世界各国的语言，让她用各种语言和世界各国的小朋友通信。这样做一方面当然是为了提高孩子的语言水平，另一方面也是为了让女儿学会如何取人之长，补己之短。斯特纳夫人很注意培养孩子的社交能力。她经常让女儿和其他小朋友玩，也让女儿和男孩子一起玩耍。但是，她不允许女儿只跟一个小孩子玩。她认为，女孩子富于想象力，而男孩子则富于理解力。让他们一起玩耍，可以互相取长补短，女孩子可以从男孩子身上学习勇敢果断等品德，而男孩子可以从女孩子身上学习亲切随和等品德，对双方都有益。两个孩子在一起玩的时候，很容易使一个人居主人地位，另一位则居于仆人的地位。几个孩子一起玩可以有效地避免这种情况。正是斯特纳夫人的这种教育方式，使她的女儿拥有了很多的优秀品质。

孩子的成功无疑和斯特纳夫人的教育有直接的关系，正是斯特纳夫人的这种教育使孩子能及时发现自己的缺点，从别人身上看到自己没有的优点，使孩子积极主动地去学习别人的长处，逐渐弥补自己的短处。

犹太民族一直以来都是以受苦受难者的身份出现在世界的舞台上，他们被迫迁徙于世界各地。在以色列建国以前，他们一直处于流浪的状态。犹太人起源于现在伊拉克的一个小城乌珥，后来迁徙到迦南，再到埃及。他们繁衍得特别快，埃及国王怕犹太人的数量超过埃及人，就下令将犹太人生下的男孩处死，女孩嫁给埃及人，这样的政策使犹太人被迫离开埃及。后来，犹太人又经过几次战败，被迫流散，这样的流散不仅没有使他们消失在世界的大潮中，相反，他们吸取了其他各民族的优秀文化，将自己民族的文化逐渐传承了下来。就像古斯塔夫·亚努斯在《卡夫卡对我说》中所说的：“犹太人像种子

那样分散到了世界各地，就像种子吸收周围的养料，储存起来，促进自己的生长一样，犹太民族命中注定的任务是吸收人类的各种各样的力量，加以净化，加以提高。”所以犹太人与其他民族的人生活在一起的时候，不但没有被同化，反而将自己的文化加以创新，更好地传承了下来。古代犹太人就对两河文明、埃及文明有大量的吸收和借鉴。

犹太民族在商场上也是如此。一个民族要想在世界上站稳脚跟，并不断寻求发展，取人之长、补己之短是非常必要的。我国在清朝的时候曾经闭关锁国、闭门造车，实践证明这样的做法是非常危险的。只有将自己跟世界联系在一起，与世界同发展、共进步甚至走在世界的前面，才能不被时代所淘汰，也只有这样，才能在稳定中谋发展。商人亦是要有这种取长补短的精神。现代社会的竞争尤其激烈，没有人可以做到仅凭自己的技术和实力就永远处于不败之地，只有能看见自己短处同时又能看见别人长处的人，才能将事业做得轰轰烈烈，才能将自己的事业做大做强。

点滴积累，成就大事就要精于小事

犹太人是个很注重做小事的民族，小事做好了就是一件大事；小事都做不好，大事又怎么能做好？这就是精明的犹太人能够不断在事业上取得成功的原因之一。有些人老是抱着发大财的观念去挣钱，对赚小钱的工作不屑一顾，甚至看不起做小事的人，认为只有没出息的人才会从事这种没什么利益、没什么前途的小工作。

其实事实正好相反，很多成功人士都是从最底层一步步做起的，很少有一上来就能独立撑起一个大企业的人。一般的公司都是经过创业者的辛勤打拼，才打下坚实的基础的。

一个犹太人和一个英国人一起找工作，在他们行走的路上有一枚硬币，英国人连看也不看，直接就走过去了，他认为自己是要挣大钱的人，这种小钱根本不值得自己弯腰去捡。犹太人看见以后，赶紧把

钱捡了起来，他认为，只有积攒每一分钱，以后自己才能挣大钱。他们面试了一家小公司，英国人感觉自己在这里工作实在是太屈才了，所以没聊几句就匆匆地走了。而犹太人却不这样认为，他认为公司虽小，但是自己在这里也可以学到很多东西，不仅有技术，还有管理经验。他积极乐观地对待自己的这份工作，他的能力终于得到了老板的赏识，他的职位越来越高，工资也越来越多。而英国人面试了几家公司，总是觉得公司太小，工资不高，自己根本就不适合在这些小地方做这种小事，于是他不停地在各家公司奔波，却始终找不到适合自己的工作。两年后，两人在街上相遇，这时的犹太人已是一家大公司的经理，而英国人还在找工作。

很多成功人士的成功都是通过自己艰苦的努力获得的。要想成就一番事业，就不能拒绝做小事。小事不仅考验人的意志，还能磨炼人的耐力。在做小事的过程中，你会学到很多知识，从老板的经历中学到对自己有用的东西，这些都是你人生中的宝贵财富。做小事的人并不会一辈子做小事，即使是做小事，只要怀有做大事的决心，也会在未来的某一天成就属于自己的事业。万丈高楼平地起，枝繁叶茂缘根深。没有人能随随便便成功，只有勤于做小事的人才能在事业上不断取得突破。不勤于做小事的人，是眼高手低的人，他们不愿意躬身于小事，因此他们会失去很多成功的机会。

成功是由完成一件件小事积累起来的，“勿以善小而不为，勿以恶小而为之”，小事做多了，就会成为大事。一心想做大事而不屑于做小事的人永远成不了大事。将眼光放在以后要成就的大事上，踏实地做好眼前的小事，只有这样，才能成就大事。

人不应该好高骛远，眼高手低。想做大事是无可厚非的，但是小事是大事的基础，一心只想做大事，不将小事做好，也不可能有所成就。在做小事的过程中，多积累经验，哪怕只学到一些知识，只是与人交往的点滴见识，小事就没白做。

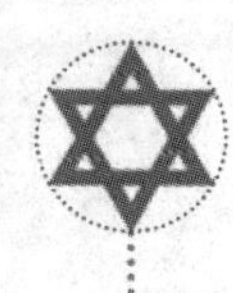

时间就是金钱，拒绝拖延立即行动

犹太人将自己的时间看得无比珍贵，他们最厌烦的事情就是浪费自己的时间，所以和犹太人打交道，他们最忌讳的就是拖延时间，绝不拖延时间不仅仅是犹太人的专利，几乎所有的人都不喜欢被别人拖延时间，所以每个人都应该学会绝不拖延。

犹太人的时间观念特别强，他们喜欢那种节奏快、效率高的生活。他们喜欢时间紧凑的都市生活，尤其是大城市的生活，更让他们感觉到了时间的紧张和忙碌。犹太人的名言就是："要在两列火车对面错过时做交易。"

犹太人把时间看得甚至比金钱还重要，因为金钱没有了还可以再挣，但是时间过去了就不会复返了。犹太人的时间是以秒计算的，所以他们对拖延时间的行为深恶痛绝。犹太人约见客人都要定好确切的时间，他们在见面的时候，根本就用不着寒暄，而是直奔主题："我们今天要谈的事情是……"这在其他人看来可能感觉不可思议，可是犹太人却认为交谈的目的不是寒暄，而是做事，如果你要寒暄，你就拖延了我的时间。所以，他们一般都是计划好哪段时间和谁谈什么事情，只要时间一到，就算事情没有谈完，他们也不会接着往下谈了，因为他们认为再谈就是偷窃他们的时间了。

犹太人对时间的重视，使他们越来越意识到时间的珍贵和稀有。犹太人在开会的时候不仅要注明什么时间开始，还要注明什么时间结束。时间一到他们就会自行散会，因为他们已经将自己的时间安排妥当，如果会议不能按时结束，他们下面的工作就会被延误。由此可见犹太人对时间的珍惜。

"绝不拖延，立即行动""今日事，今日毕，绝不拖到明天"，这样的人有强烈的事业心和责任心。有的人喜欢一再拖延，将今天的事情拖到明天，明天的事情拖到后天，这样一拖再拖，最后的结果是他们什么也得不到。

如果一个人拖延，也许会损害这个人的声誉；如果一家公司拖

延，就不仅是声誉的问题了，还会减少收入。树立良好的声誉不容易，但是要毁掉声誉，却是一件轻而易举的事情。

1989年3月24日，埃克森公司的一艘巨型油轮在阿拉斯加触礁，原油大量泄漏，给生态环境造成了巨大破坏。但埃克森公司却迟迟没有作出国际社会期待的反应，以致引发了一场“反埃克森运动”，甚至惊动了当时的美国总统布什。最后，埃克森公司的损失达几亿美元，公司形象也因此严重受损。

绝不拖延是我们对自己生命负责的表现，也是尊重别人的表现。一个做事利落的人会受到人们的普遍欢迎，而一直在拖延的人，不仅是在浪费自己的时间，更是在浪费别人的时间。

有些人已经将拖延当成了习惯，他们在工作上也是如此，老是想找借口替自己开脱。这样做老板可能一开始不会发现，但是时间一久，就会暴露出来。犹太人绝不拖延、当机立断的处事风格使他们能将时间用在真正有价值的事情上，他们这种绝不拖延的性格不仅使他们的工作效率更高，能创造更多的价值，这一点是我们最需要向他们学习的。

借口只能显示自己的无能

杰出的犹太人认为，借口永远是弱者的可怜宣言。在失败面前不要为自己找借口，否则欺骗的只是自己。犹太人不会为自己的失败寻找借口。

在我们的生活中经常会听到一些的人抱怨：“这个工作太难了，所以才会……”“如果不是因为……”这些人一直在为自己找没有完成工作的借口。很多人不明白找借口只是一种不负责任的表现。工作再困难、时间再短暂，你终究还是要将工作完成。与其花时间和精力找借口为自己开脱，不如静下心来，好好找一个能将工作尽快解决的可行办法。

前几年有一本畅销书叫做《致加西亚》。在这本书中，作者描写了一位名叫罗文的中尉和发生在他身上的一段故事。1898年，为了从

西班牙殖民者手中获得自由，古巴人民进行着浴血奋战。在此之前，美国将一支舰队停靠在哈瓦那海湾，密切关注着局势的变化。古巴虽小，但是牵涉着美国人民的诸多利益。狂妄的西班牙人把美国舰队击沉了，美国人民愤怒了，他们要向西班牙宣战。为了取得和古巴人民的合作，美国总统写了一封信，需要派人把它交到古巴起义军首领加西亚将军手中。谁能完成这个任务？美国军事局局长瓦格纳向麦金莱总统建议，罗文中尉可以胜任。于是总统召见了罗文："你必须把信交给加西亚，他在古巴某个地方，你必须自主计划行动，独自完成任务。"罗文接到任务后，什么话也没有说，什么问题也没有问，而是把信仔细地装在上衣口袋里，转身走了出去。一段时间后，麦金莱总统再次见到罗文，并从他手中接过加西亚将军的信。罗文出色地完成了任务，并带回了重要的军事情报。

罗文遇事沉稳、果敢、坚毅，不为自己寻找任何借口，这就是他能成功的原因。什么样的员工才是世界上最优秀的员工，那就是——无论有多大的困难，无论有多少麻烦，无论在什么职位，都一直在寻找解决问题的办法，而不是一直在为自己找借口的人。

曾经有一个寓言故事。甲、乙两个裁缝在交班时，裁缝甲要把手中的针交给裁缝乙。突然，针掉到了地上，由于当时是晚上，灯光昏暗，很难寻找，这时甲、乙两人怎么办呢？可能会出现以下三种情况。

第一种：甲、乙两人开始为此争吵，他们一定要分辨出到底是谁的责任，然后由该负责任的人把针找到。

第二种：甲、乙两人二话不说，纷纷趴在地上开始找针。

第三种：甲、乙两人马上确定分工，一个在右边找，一个在左边找。

以上三种情况哪一种最有可能先找到针？

几乎所有的人都知道第三种情况能最快找到针。如果总是埋怨对方，总是为自己找借口，事情永远也办不好。故事很简单，但是蕴涵的哲理却很深刻，如果两个人各自为自己开脱，"这与我没关系""这不是我的责任"，那么只能让麻烦越变越大，根本就不能解决遇到的问题。找各种借口为自己开脱，只会欲盖弥彰。这样一来，

就会给自己的老板留下不能按时完成任务、能力差的印象。长此以往，这种人在公司的地位就会越来越低，其他人也不愿意和这种老是找借口的人合作，他们害怕有一天，这种人也会将所有的原因都推到他们身上，将自己身上的责任推得一干二净。

也有一些人在遇到问题的时候，不会想着找借口，而是尽快想到解决问题的办法，将问题解决。这样的人责任心很强，他们对自己做不到的事也不会找各种各样的借口，他们会真诚地说出自己为什么没能及时将问题解决，用各种办法在最短的时间内将问题解决。这样的人是不会轻易许诺的，如果真的许下什么诺言，他们一定会想尽各种办法实现诺言。

犹太民族是不会轻易许诺的民族，在他们的身上我们能看到诚实守信的品质，他们对待工作生活都会尽到自己应尽的责任。他们信守自己的诺言，即使有什么问题没有解决，他们也不会费尽心思地去找各种借口为自己辩白，而是将所有的情绪都放下，先解决问题，因为他们知道，解决问题才是最关键的。

敢于冒险，犹太人懂得富贵险中求

思想家： 马克思 弗洛伊德

艺术家： 毕加索 斯皮尔伯格

科学家： 爱因斯坦 奥本海默

商业奇才： 洛克菲勒 摩根 巴菲特 格林斯潘

政界要人： 托洛茨基 基辛格 古里安 奥尔布赖特

想获取高利益，就要善于冒险

《塔木德》中说："只有在别人不敢去的地方，才能找到最美的钻石。"这句话的意思很简单，只有敢于冒险的人，才能收获巨额财富。很多犹太人拥有强烈的冒险精神。越是敢于冒险的人，越是不会不经大脑地蛮干，他们都会谨小慎微地办事，在遇事思考时，他们会将各种相关因素考虑在内，这样他们就会作出最明智的选择。

犹太人是最善于冒险的，这种冒险精神为他们赢得了"世界第一商人"的称号。对于这一称号，他们当之无愧。他们具有过人的胆识，知难而进、逆流而上的气魄，他们还具有拿得起、放得下的气概，正是这种种因素，使他们登上了"世界第一商人"的宝座。

现代社会是一个充满冒险成分的社会。在市场经济的环境中，优胜劣汰的竞争每天都在商场中上演。一个人不能因为自己的权力，为自己开辟一片市场；不能用自己的钱财，为自己的商品买一道护身符，只有市场说了算。现在的竞争如此激烈，每个企业家都面临着巨大的风险，市场的需求、国际环境的变化、人民生活的需要，每个环节都存在着巨大的风险，所以企业家只能在风险中寻找生存的机会。

犹太商人之所以能在市场上不断取得成功，就是因为他们敢于在别人不敢冒险的地方投入精力。犹太商人不怕失败，他们认为：赢了，自己就可以狠赚一笔；输了，大不了从头做起。

一个开发商投资生意老是赢利，他在向别人介绍自己的经验时就说，他之所以老是赢利，就是因为他敢于冒险。他在选择投资项目时，如果别人都觉得可行，他就认为这不是机会，只有在其他人觉得不可行的时候，才是真正的黄金机会，他就是要投资这样的机会。尽

管这样做很冒险，但是只要有50%的希望，那就值得去冒险。“富贵险中求”，很多投资者将这句话奉为真理，不少成功的犹太商人就是这句话的践行者。

犹太人约瑟芬在1835年投资了一家小型保险公司，但是他投资不久后，纽约就发生了一场特大的火灾。许多同行认为自己实在是太倒霉了，肯定赔大了，纷纷将自己的股份转让出去。而这时约瑟芬却独辟蹊径，他认为这是一次机会，于是出人意料地买下了全部的股份。这是一次大的赌博，没有人知道约瑟芬这样做到底为什么，人们都为他捏了一把汗。然而，出人意料的是，理赔后，他公司的信誉一下子提升了，人们纷纷前往他的公司投保。虽然约瑟芬将保险金提高了一倍，但是人们还是纷纷到他的公司进行投保。这是因为人们对他的公司很放心，约瑟芬于是大赚了一笔。

约瑟芬没有像其他同行一样，将自己的股份转让。其他同行在困难面前，仅看到了自己的处境，没有发现存在着风险的商机。约瑟芬发现了，于是他抓住了自己的黄金机会。很多人就是因为不敢冒巨大的风险，所以才与财富失之交臂。在犹太人看来，每次风险都潜藏着商机，风险越大，商机越大，只有敢于冒险的人才能赚取大量财富。谨小慎微、懦弱的人与发大财无缘，他们不敢承担风险，承受不了失败给予的打击，所以他们一辈子都只能默默无闻，毫无建树。

现在的社会是一个瞬息万变的社会，做任何事情都是有风险的。很多人不屑于谈冒险，他们认为这是一种莽夫的行为，包含太多的变数。一般人不敢尝试冒险，他们只是冷眼旁观别人如何冒险。如果冒险者失败了，他们就暗自庆幸；如果冒险者成功了，他们就会大发牢骚，认为人家只是运气好。在他们的言谈中，我们闻到了浓浓的醋味。为什么当时他们自己不去尝试，归根结底只有一个原因，那就是自己不敢去冒险。

许多投资者经常会在人们质疑的眼光中，大手笔地去做某个冒险的项目。他们的这些投资操作看上去很冒险，但是，这仅仅是表面现象，因为他们不仅看到了风险，更看到了风险后的巨额利润，所以他们不惜冒大风险，也要将这利润赚到手。在他们这种敢作敢为的气魄

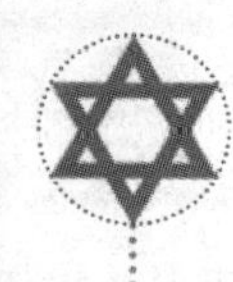

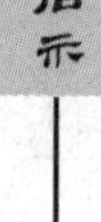

中，我们看到的是一种果断的人性美。正是因为他们拥有这种气魄，他们才赚取了无数的财富。

冒险但不盲目，成功没有捷径

犹太人的经典著作《塔木德》告诉人们，只要值得就要去冒险。我们知道犹太人是天生的冒险家，这不仅在商业领域运用的淋漓尽致，而且在他们的生存方面也是一展无疑。

在以色列建国以前，犹太人一直是处于四海为家的流浪状态，他们迫不得已地奔波于世界各个国家之间，他们对生存的风险意识特别强烈，他们不会在驱逐令下达之前，才匆匆赶往另一个国家，他们能根据暴雨之前的征兆判断这场雨的大小和持续时间，为了生存他们就这样不断迁徙于各个国家之中，他们的风险意识也就在这一次次的生存大迁移中变得更加强大起来。所以当这种风险意识运用到商场领域时，他们就会觉得如鱼得水。

犹太人认为，风险和利益是在一起的，作为一个精明的犹太人就必须在机遇面前不撒手，他们认为要想获得财富就必须承担风险，如果连风险都不敢承担的话，那就不会有什么成就。冒险是人一生中的重要事情之一，只要值得，就应该去冒险，而不是犹犹豫豫错过到手的机会和财富。《塔木德》曾说：有三样东西不能使用太多，那就是做面包的酵母、盐和犹豫。冒险投资是人获得巨大成功的捷径，它不仅需要人有坚强的信心，同时不能随着大流走，这样只会重复别人的老路，永远也不会有成就。

1898年5月21日阿德曼·哈默出生于美国，他上大学的时候就开始经营父亲留给他的药厂事业，成效显著，他因之而成为当时美国唯一一名大学生百万富翁。1921年他赶赴苏联，成为贸易代理人，聚集了巨额财富。1956年58岁的哈默收购了即将倒闭的西方石油公司，并成为当时世界上最大的石油公司的创立者。1974年哈默的西方石油公司创造了年收入达60亿美元的惊人数字。哈默一生与东西方各届领导人物关系密切，声誉传遍全球。经常有人向哈默请教致

富的魔法。他们坚持认为哈默之所以如此成功，靠的不仅是勤奋、精明、机智、谨慎之类应有的才能，一定还有什么秘密武器。在一次晚会上，有个人凑到哈默身边，向他请教发家的秘诀。哈默皱起眉头说，实际上这没什么，你只要等俄国革命就行了，到时候打点好你的棉衣，尽管去，到了那儿就到政府的交易部门转一圈，又买又卖，这些部门大概两三百呢……听到这里，请教者怒目而去。他不明白哈默为什么这样敷衍他，其实这就是对哈默在俄国13次做生意的精辟概括，其中包含着他生意的兴隆与衰落、成功与失败的经历。1921年的苏联，经历了内战和灾荒，急需救援物资，特别是粮食。哈默本来可以拿着听诊器，坐在洁净的医院里，不愁吃穿地安稳度过一生，但是他厌恶这种生活，在他眼里，只有那些未被人们开发的地方才是值得自己去大战一场的地方。于是在苏维埃政权采取重大决策，鼓励吸引外资重建苏联经济的时候，哈默一马当先地来到苏联，扎实了自己的根基。这在别人看来是不可思议的，因为他们对苏联充满了偏见和歧视，只有哈默敢冒险去苏联，就这样他在苏联赚取了大量的财富。

犹太人的喜欢冒险与他们的谨慎明智是一样出名的，他们不会轻易地去冒险。他们不是好冲动的人，他们一般在冒险之前都会问问自己：自己这样冒险值得吗？一般来说，越喜欢冒险、越善于冒险的人就会越谨慎地对待冒险，他们不会轻易地去冒险做一件事情，他们会在做之前将事情仔细地想清楚，然后再作出明智的判断。

犹太人不指望通过赌博让自己一夜暴富，他们觉得把赌博当做经济来源是一种愚蠢的行为，这种风险行为是一种不明智的行为。同时他们也不会将发财的希望寄托于买彩票上，买彩票中大奖靠得全是运气，寄希望于买彩票中大奖的人一般是些经济不富裕的人，但是买彩票中大奖讲究的是概率的问题，所以犹太人一般不会将自己的命运押在彩票中奖上，因为他们知道买彩票中大奖的可能性和期望值，根本就不是等价的，往往小于你买彩票的价格，所以他们的名言是：“每周用火烧掉几张美钞也比把钱丢到彩票中去更强！”

犹太人对待冒险的行为是理智的，他们会冷静地分析冒险的正确与否，一般越大的风险，你的回报就会越丰厚，同时这就更需要风险

投资者要慎重对待这一行动，如果结果如己所愿，那你就会一夜之间飞黄腾达，麻雀变凤凰。假如结果不好的话，那就会倾家荡产，没准儿还会流浪街头。虽然如此，但是犹太人还是始终坚信：只要值得，就去冒险。

拥有远见卓识才能“捷足先登”

犹太人在做生意的时候经常会要求自己多看几步，只有这样才能掌握大局，让自己能更好地统领全局，也只有这样才能始终处在主动地位。多走几步，风景就会不同。在商场上亦是如此。

商场如战场，虽然不是兵戎相见，没有血流沙场的血腥，但同样是几家欢喜几家愁。真正能在商场上成功的人必是能在商场上运筹帷幄之人，他们在走第一步的时候，已经预测到5步以后会是什么样的情形。在下棋的过程中，我们把仅能看到一两步棋路的人称为“初级棋手”，把想到三四步的人称为“中级棋手”，把那些能看到五步以上棋路的人称为“高级棋手”。商场上的成功人士就是一些“高级棋手”，他们的招式常让人摸不着头脑，等到事情一步步地发展过来的时候，人们只有恍然大悟的份儿了，心里直佩服他们的远见卓识。

商业大亨会在人们毫无知觉的时候，已经将未来商业的发展看得无比清晰。他们在人们疑惑其用意的时候，开始放鱼线，当人们明白其用意的时候，已经开始将线收回，准备收鱼了，人们只能在羡慕的眼光中看他们满载而归。

所以，人们在做任何事的时候都应该要求自己多看几步，只有这样，才能看到别人看不见的风景。犹太人的经商哲学之一，就是能够多走几步。成功的犹太人一直在践行这一商业规则，他们也正是凭借这一做法赚取了大量的财富。现在的股市、房市等无不需要人有前瞻意识，能够多走几步，就能在一定程度上改变自己的被动立场，变被动为主动，也就能够少些花落别家的感伤。

能够多走几步的人，能淡定地对待眼前的一切，不会因为事情的发展而使心情大起大落，因为这一切已尽在他们的掌控之中。有时候，成功与失败的距离很近，往往就在几步之内。现在瞬息万变的股市，有数以万计的股民，只有少数人能在股市中如鱼得水，他们往往就是那些能多走几步的人，他们已经看透：熊市的角落中依然有牛市的希望，牛市的大喜中依然有熊市的危机。

投资风险越大，收获往往越多

犹太人一致认为想要赚大钱就必须冒大风险，只有冒大风险，才会在短时间内获得巨大的财富。犹太人看不起那种不敢冒险的人，认为他们是平庸之辈，不管怎样，这也让我们对犹太人有了深层次的了解，犹太人不主张靠一点点的攒钱来赚大钱，他们主张通过冒险的投资获取大量的钱，这是犹太商人典型的成功之路。

1862年，美国南北战争爆发，林肯总统颁布了实行全军总动员的命令，并下令陆海军展开全面攻击。摩根与一位华尔街投资经纪人的儿子克查姆商量出了一个绝妙的计划。摩根对克查姆说，现在买进大量的黄金，汇到伦敦去，这样会使金价大涨的，到时候他们就可以狂赚一笔。克查姆对摩根的计划大家赞同。于是两人就秘密买进了500万美元的黄金，他们决定将一半的黄金运到伦敦，而另一半留在美国，在运往伦敦的过程中，他们走漏了消息，引起华尔街的一片惊慌，于是美国的金价节节升高，而伦敦的金价也跟着节节上扬。于是摩根和克查姆就等着坐收渔翁之利。

以往人们称呼冒险家有一种贬义的意思，而现在的冒险确是一个应用普遍的词，犹太人一直以冒险家的称号闻名于世。现在世界上好多的东西都含有冒险的成分在内。人们现在知道了，做任何事都是有风险的，关键是风险的大小。风险无处不在，尤其是在现在的经济领域，风险投资更是人们耳熟能详的一个词语。投资股票更是风险性极大的一项，但是投资股票容易赔钱也容易赚钱。经济原理告诉我们，一件事情风险越大，投资的收益就越大。如果一个人初涉商场更应该

用冒险投资的方式，为自己的商场生涯打好开头。

19世纪80年代，洛克菲勒和同事们发生了严重的分歧，分歧的原因是是否购买利马油田。利马油田地处印第安纳东部与俄亥俄州西北交接的地带，是当时最新发现的油田。那里的原油有很高的含硫量，因此会发生反应生成硫化氢，发出一种鸡蛋腐臭的难闻气味，所以人们称它为酸油，除了洛克菲勒以外，没有石油公司愿意购买这种低质量的原油。由于这种原油质量低价格低利润小，虽然油量很大，但是谁也不知道应该用什么样的方法进行提炼。所以在洛克菲勒提出要购买的时候，遭到了所有委员的反对，甚至包括他的几个得力助手。但洛克菲勒坚信一定可以找到一种提取高硫的办法，于是他不得已宣称以一个人的名义冒险去研究这一产品并且不惜任何代价。在他的坚持下，委员会最终做出了让步，最后以800万美元的低价买下了利马油田。在这之后，他又请了一位犹太化学家，专门研究如何去除高硫的问题，实验进行了两年，但是一直没有取得成功，又过了几年，这位科学家终于成功了，洛克菲勒也成功了。

犹太商人善于冒险，他们认为风险越大，获得的回报也就越多。所以他们不惜冒任何风险去做自己认为能赚钱的事情。做任何事情都只有两种可能，成功或失败，成功了自己就能获得大笔的财富，失败了自己就会输得一塌糊涂。有些人经受不起这种考验，所以他们不敢冒风险做这种事情，而犹太人却不这么认为，他认为失败了就失败了，大不了自己从头做起，没有什么大不了的。所以他们很多人能够通过风险投资一举成为世界上的大富翁。

犹太人一致认为上帝对勇士的最高奖赏就是冒险。对于那些不敢冒险的人来说，就没有福气接受上帝赐给人的财富。犹太人在经济方面获得了巨大的成功，与他们这种冒险精神是分不开的。我们每个人在面对风险的时候，都应该勇往直前的向前冲，这不是莽撞的表现，这是我们勇敢的宣言，不敢冒险，你就不能领会人生路途中的好多风景，说不定也会错过好多属于你的财富。

快速下手，别在等待中灭亡

独特的眼光比知识更重要，一个人如果眼光独到就会发现别人不易察觉的事情，商人会发现商机，学者会发现未开拓的领域。在商场上，如果想要成功，就必须眼光准，这样可以少走不少弯路。很多人之所以一直默默无闻，就是因为他们没有好的眼光发现好赚钱的项目。下手快是商人的另一个特点，现在的竞争如此激烈，如果你慢一步，说不定就让你的对手捷足先登了，你损失的财富可能是巨大的。

美国一所著名学院的院长，继承了一人块贫瘠的上地。这块土地没有具有商业价值的木材，没有矿产和其他贵重的附属物，因此这块土地不仅不能给他带来任何收入，反而还需要支出，因为他必须承担土地税。州政府修了一条从这块土地上经过的公路，一个犹太人刚好经过这里，看到这片贫瘠的土地正好位于一座山的山顶上，可以观赏四周美丽的景色。他同时还注意到，这块土地上长满了小松树及其他树苗。他觉得这是一个巨大的商机，于是赶紧和院长联系，以最快的时间将这块地买了下来。在靠近公路的地方，他改建了一幢独特的木制房屋，作为加油站，并附设了一间很大的餐厅。他在公路沿线建造了十几间单人木制房屋，以每晚3元的价格租给游客。餐厅加油站以及木制房屋让他在第一年净赚了15万美元。第二年，他又大肆扩张，增建了50栋房屋，每栋房屋有3个房间，他把它们租给了附近的居民，作为避暑山庄，租金为每季度150美元。而这些建筑材料不必花一毛钱，因为这些木材就长在他的土地上。这排木屋的独特外表成为他扩建计划的最佳广告。故事到此并没有结束，在距离这些木屋不到5公里处，这个人又买下了一个占地面积150亩的古老且荒废的农场，每亩价格是25美元，而买主认为这是最高的价格了。这个人马上派人建造了一座100米长的水坝，把一条小溪的流水引进一个占地15亩的湖泊，在湖中放养了许多鱼，然后把这个农场以建房的价格出售给那些想在湖边避暑的人，这样简单地

一转手，使他在一个夏天进账25万美元。

正是这个独具眼光的犹太人在学院院长认为毫无价值可言的土地上创造出了巨大的财富。商人在经商的过程中，最重要的就是眼光一定要准，只有这样，才能在别人看来一无是处的地方发现巨大的财富。犹太人认为，知识固然重要，但是如果学到的知识不能用来赚钱，那学到的知识就是没用的知识。而在他们看来，眼光是比知识更重要的东西，就像例子中的犹太商人，他能在一片贫瘠的土地上看见赚钱的商机，而那位学院的院长却认为这块土地一无是处，所以犹太人能靠它发财，而那位院长只能为它埋单。

商机是转瞬即逝的东西，所以如果你看到做某事有利可图，最重要的就是先下手为强。我们也有一句古话，就是“先发制人，后发制于人”。所以，在商场上重要的不仅是眼光要准，更重要的是得先下手，否则就可能会丧失一大笔财富。

从前，有三个犹太人在一起散步，其中一人忽然发现前方地上有一枚闪闪发光的金币，他的眼睛顿时凝固了！几乎同时，第二个人也大叫起来：“金币！金币！”话音没落，第三个人已经俯身把金币捡到了手里。

第三个人就是下手快的人，他能够及时抓住到手的机会，立即行动。在众多成功的犹太人中，很多人都是以下手快取胜的。商场如战场，如果你不先下手将钱赚到手，那钱到底会是谁的还不一定呢！现在的通信业如此发达，信息在短短几分钟之内就能传遍全球，商机是有限的，它不会等待任何人，它只会追随那些能将自己紧紧握在手中的人。

依据情况冒险，果断放弃毫无把握的事

曾经有人说，人最应该学会的是等待，但是，有时候你等来的不是你预想中的结果，不仅如此，你甚至会失去已经紧握在手中的东西，这样的等待实在是得不偿失。

《塔木德》曾告诫人们：“仅仅知道等待和忍耐，不是真正的

聪明。”犹太人善于忍耐和等待，但是犹太人的忍耐和等待是有原则的，他们不会盲目地等待和忍耐，如果他们觉得自己的忍耐有利可图，那么他们就会等待好的时机光临；如果他们认为自己的等待不会有任何回报，那么他们就会果断地将自己的付出全部放弃。有些人之所以会损失惨重，就是因为他们舍不得自己以前的付出，觉得自己应该再等等。这样一来，他们就会有更多的付出，他们不断重复着这种错误，直到遭受更惨重的损失。

我们真应该学习一下犹太人关于等待的哲学。据说，犹太人在进行某项投资之前，一般都会先制订一个月后、两个月后、三个月后的计划。一个月后，即使发现实际情况不如计划好，他们依然会继续追加投资，因为他们觉得这是意料之中的事情。在第二个月后，如果实际情况还是很不理想，他们依然不会就此放弃，而是会继续追加投资。第三个月后，如果情况依然不理想，他们就不会这么乐观了，他们会仔细考虑这项投资的正确与否。如果照实际情况预测，以后三个月情况依旧不会改观，他们就会果断地放弃这项投资。即使先前的投入再大，他们也会这样做，这样可以避免以后更大的损失。即使这样他们也不会唉声叹气，而是会庆幸自己悬崖勒马，没有损失更多的东西。

一天，靠炒股票发家的犹太巨富列宛，看着他8岁的儿子在院子里捕雀。捕雀的工具很简单，是一只不大的网子，边沿是用铁丝圈成的，整个网子呈圆形，用木棍支起一端。木棍上系着一根长长的绳子，孩子在立起的圆网下撒完米粒后，就牵着绳子躲在屋内。不一会儿，就飞来了几只麻雀，孩子数了数，大概有10只，它们大概是饿久了，很快就有8只走进了网内，列宛示意孩子赶紧拉绳子，但孩子还在等另外两只也进去。可是，另外两只无论如何就是不进去，不仅如此，有4只已经走了出来。这时候，列宛悄悄告诉孩子，该拉绳了，可是孩子还想再等等，但是又有3只走了出来。这时列宛告诉孩子还有一只鸟在，可是孩子很不甘心，他还希望鸟能再回来。但是最后一只鸟也吃饱了，它慢慢地走了出来。孩子很伤心，列宛扶着孩子的头，慈爱地说道：“欲望无穷无尽，而机会却转瞬即逝，为了得到更多而一味等待，不采取果断的行动，不但不能满足我们的欲望，反而

会让我们把原先拥有的东西也失去了。”

孩子一心想捕到更多的鸟，可是他不知道，等待让自己失去的越来越多。很多人喜欢做没有把握的事情，因为这样可以激发潜在的爆发力和战斗力，同时对自己是一次挑战，可以锻炼自己的能力，但是这种做法并不适合每一个人、每一件事。打个比方，你以前没有开过公司，你看见别人开公司很赚钱，于是自己也要开一家公司。你从毫无经验开始，一心想着赚大钱，但是你连最基本的管理常识都不知道，于是，你通过咨询专家顾问将公司开起来了，可是公司老是亏本。这样的情况下，你想等等看，说不定几周之后情况会好转，结果公司越来越难维持，你不仅没赚到钱，反而每天还要垫付不少的花销。这种情况下，如果还要一直硬撑下去，只会投入得越来越多。所以在做没把握的事情的时候，人应该及时反省一下，看自己一直等待转机时刻到来的做法是不是对的。实在没有希望迎来转机的时候，我们应该学习一下犹太人及时放弃的精神。有时，放弃不是证明自己输了，而是明智的选择。

不了解的领域，不轻易地冒险涉足

《塔木德》中有这样一句话：“没有哪种行业比另一种更好。”聪明的犹太人懂得，想要赚取更多的钱，不在于你做什么，而是取决于你怎么做。成功的犹太人不会涉足自己根本不熟悉的领域。他们赚钱主要还是选择自己比较精通的领域，这样不仅会降低风险，而且在自己精通的领域赚钱也是一件幸福的事情。

加拿大第二大城市蒙特利尔市建在圣劳伦斯河的一个岛上。蒙特利尔市有一条很著名的街道叫圣劳伦斯街，在这条街上有一家著名的餐馆，是一家犹太人开的熏肉店，这家熏肉店已经有几十年的历史，迄今为止依然非常受欢迎。这家熏肉店自开店以来一直保持着原来的风格，并没有因为时代变迁，而使风格跟着时代变化。这里可供选择的食品很少，除了面包夹熏肉的三明治外，就是牛肉和牛肝，这些东

西的价格很便宜，相当于一个汉堡包的价格。店里的三明治与其他餐馆里卖的汉堡包味道不一样，汉堡包里面一般都有奶酪，而这里的三明治里面只有熏肉或烤肉。店里的熏牛肉是最有名的，因为它一直使用沿用至今的做法，精选上等的牛肉，先将牛肉腌制10小时，然后再进行熏制。由于配料是祖传秘方，所以更增加了神秘色彩。不仅本地人经常来吃，外地人也经常慕名而来。这家小店据说已有三代了，但是一直没有开分店，店面也只有五十几平方米。但是，它却早已声名远播，每天人们都排着队来买三明治、熏肉等。

现在的餐饮业竞争如此激烈，而蒙特利尔的熏肉店却在激烈的竞争中依然能站稳脚跟，这与他们几十年如一日的坚持有关。现在，很多餐馆都是跟风走，今天这个样，明天那个样，结果不仅自己没有站稳脚跟，没赚到什么财富，还使这一行的竞争更加激烈了，无数餐馆就在这样的环境中被迫关门了。蒙特利尔的熏肉店，几十年如一日地保持着自己的风格，独树一帜地立在餐饮之林中，使自己的生意越做越精，回头客越来越多，名声越来越大。这种经营方式其实也是一种难能可贵的商业理念。犹太人一直以精明著称于世，他们一直都是以将生意做大做强为荣，蒙特利尔的熏肉店却一直以小本生意而发财，在餐饮业的竞争越来越激烈的今天，它依然从容地面对竞争的冲击，因为它的竞争力不是其他跟风模仿的餐馆所能比的。

虽然精明的犹太人精于商道，但是对自己不熟悉甚至完全陌生的行业，他们还是不愿意轻易涉足，因为轻易闯入陌生领域的下场只有失败。精明的犹太人一般会在自己熟悉的领域里作出一番成就。因为这样既能节省时间和精力，又更容易取得成功。

中国有句古话，叫做“隔行如隔山”。虽然现在社会的各行各业已经紧密联系在一起，但是各个行业之间依然有很多你不知道的隔阂和区别。比如警察有武警、交警、刑警、火警等，如果你对这行一点儿都不了解，你扎进去就是一个记录为零的人，那么你不知道得用多长时间才能当上你想做的警察。

创业更是如此，不管你是久经商场的大老板，还是初出茅庐的创业者，如果你想涉足陌生的行业，那可一定要小心，因为在这陌生的

商场上，你根本就不清楚哪里是机遇，哪里是陷阱。如果自己的专业知识不行，实践经验也不够，那么想不摔跟头都难。

犹太人的熏肉店是一个很好的榜样，店主清楚自己的优势，所以不会盲目地去从事其他的行业，甚至不会去学习其他餐饮店的招术。熏肉店特立独行的姿态，始终不变的风格，使它在激烈的市场竞争中，依然不可动摇地占有一席之地。

人应该懂得自己的优势，同时扬长避短，千万不能跟风冒进，否则不但不能将你的所学学以致用，而且还会为你带来无尽的困扰，所以每个人都不应该轻易涉足陌生的领域。

撒网式的投资，找到自己的强项

中国有句俗语，就是“要想多捕鱼，就得广撒网”。犹太人在经商的过程中，也总结出一条类似的道理，就是在射箭的时候，应该多射几箭，这样总会有一支箭射到靶心上，因为这样一来，自己射的箭多了，中靶的概率也就提高了。尤其是在很冒险的情况下，要想取得成功，就应该同时多经营几项事业，东方不亮西方亮，这个不行那个行，总会有一项事业适合你。

这就是使小概率事件成功的一种有效方法，人不可能对任何事情都精通，尤其是刚开始创业的时候，有可能根本就不知道自己到底适合干哪行，在哪行才能创造出惊人的成绩。要想在事业上取得成功，很有效的一种方法就是在几个不同的行业领域里下注，总有一个能成功。

犹太人同样非常知晓这个道理，一些成功的犹太人也是在经过了很多的挫折后才知道自己到底适合在哪个领域长久发展。即使他们在某一行业成功了，他们也会积极地拓宽领域，希望在其他的领域同样能够大展拳脚，作出一番成就。

这是犹太人在长期的实践中总结出来的经商智慧。我们在平时的生活中也可以拿来用。任何事情的成功在一开始的时候，都是一些概率比较小的事件，因为自己也不清楚自己有什么样的潜能。人的成功

有时候就是一个不断摸索的过程，如果不多经历一些事，就会在一棵树上吊死。

很多犹太人就是在奋斗了多年，射了无数的箭之后，才找到了自己的靶心。所以，我们如果想自己创业，也不一定一下子就能找到适合自己的行业。即使在某行业碰壁了，也不应该泄气，而是应该不断地尝试新的职业，因为总有一种职业适合自己。人的成功之路不可能一帆风顺，尤其是白手起家的时候。很多时候，成功总是自己在前进中不断摸索出来的。

有的人将自己的精力和赌注全都压在一件事情上，如果在这件事情上不成功，那自己就会丧失一切，甚至包括生命。可是，精明的犹太人不会这样，除非自己对某件事情的成功把握很大，否则他们一定会为自己留一条后路。他们一般会同时从事几种职业，即使一项事业亮起了红灯，也总有一盏绿灯会亮起。

第6章

顺势而为，犹太人巧借他人之力成事

思想家：马克思　弗洛伊德

艺术家：毕加索　斯皮尔伯格

科学家：爱因斯坦　奥本海默

商业奇才：洛克菲勒　摩根　巴菲特　格林斯潘

政界要人：托洛茨基　基辛格　古里安　奥尔布赖特

不费吹灰之力，巧借力成事

犹太商人认为，任何事业的成功都不是靠一步登天实现的。可是，登天的办法多种多样，善于借助别人的力登天，既便捷又省力。善于借力的人精于借助别人的手打出适合自己的力，这样既可以打出力，又能节省自己的力，何乐而不为？

犹太民族经过战争的风雨洗礼，已经变得一无所有，但是他们懂得借助别人的力来打出自己的拳。他们就这样白手起家，借助别人的势撑起了自己的船，借助别人的力打出自己的拳，从而在金融界越来越富有，越来越有声望和名誉。

犹太大亨洛维格就是一个善于借助别人的力来成就自己事业的人，他最初创业的时候白手起家，就是凭借别人的力量他才能成为今天的亿万富翁。洛维格拥有当时世界上吨位最大的6艘油轮，而且他还经营着旅游、房地产和自然资源开发等行业。洛维格做的第一笔生意是将一艘已经沉入海底的约26英尺的柴油机动船打捞出来，然后用了4个月的时间将它修好，并承包给别人，他从中获利500美元。青年时期的洛维格在找工作的时候处处碰壁，搞得债务缠身，经常有破产的危机。在他快30岁的时候，他忽然有了一个赚钱的想法。于是他向银行借款，希望银行能贷款给他，让他买一艘标准规格的旧货轮，他准备动手将旧货轮改造成性能强的油轮。但是，银行没有答应给他贷款，因为他没有可以作为担保的东西。于是，洛维格有了一个更为超越常理的想法。他有一艘只能用来航行的旧油轮，他将它租给一家石油公司，然后找到银行的经理，告诉对方自己有一艘被石油公司包租的油轮，这样每月的租金就可以打到银行作为贷款的利息。银行考虑到有这家效益很好的石油公司的租金，在一番交涉下，终于决定给他贷款。洛维格的计算非常严密，他正是因为看中这家石油公司的效益

好，而且石油公司的租金正好够贷款的利息，所以才会有这样的想法。后来，洛维格用贷款买到了自己想要的油轮，并加以改装，使其变成一艘航运能力较强的油轮，用同样的方式将它租了出去。然后又借了一笔款，又买了一艘船，并又将它租了出去。就这样，他的船越来越多，随着贷款的还清，他的包租船就归他所有了。

洛维格的成功就是因为他能借助别人的力、别人的势，壮大自己。他从最初的一无所有到最后的亿万富翁，让人瞠目结舌。他从石油公司借到势，在银行里借到钱，用借到的钱再壮大自己的势，就这样，凭借良好的循环，他的钱越来越多，资产越来越雄厚。

《塔木德》一直在向犹太人宣扬聪明人应该学会借用别人的势、别人的力，来成就自己的事业。他们的经典名言就是："借别人的鸡，下自己的蛋。"很多成功的犹太人在一开始创业的时候都是白手起家的，但是，他们能够运用自己的智慧，借别人的力打自己的拳，这是一种商业智慧，犹太人的这种智慧让全世界钦佩。

就像杠杆一样，犹太人就是习惯找准施力点，使用微小的力，撬动比自己大几倍甚至几十倍的东西，这就是聪明的犹太人的思维。所以犹太人能不断地在金融界创造出越来越多的辉煌。

世界上的事情就是这样奇特。有些人一直在抱怨，自己很想做成某事，但是没有资金，没有客户，没有人脉……什么都没有，根本就做不成。就这样，在做事之前，已经失去了信心。而犹太人之所以能白手起家成为世界上令人艳羡的富豪，就是因为他们在别人还在埋怨少这少那的时候，已经在思考借助什么样的力量来成就自己的事业了。犹太人用自己的经历向我们阐释：只要想做，就没有做不到的事；没有东西不要紧，只要善于借力，就能成就一番事业。

取他人之智，成自己之事

古人说："下君之策尽己之力，中君之策尽人之力，上君之策尽人之智。"古人很早就已经认识到个人的力量是有限的。要想成就一番大事业，凭借自己的力量是远远不够的，借助别人

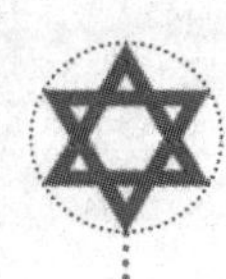

的智慧成就自己的事业才是真正的成功人士选择的道路。

美国前国务卿基辛格，在处理白宫内部工作的时候，就是一位典型的巧借别人力量和智慧的高手。他有一个习惯，下级呈报上来的方案或议案，他都是先压上三天，然后将呈报人叫来问："你认为这是最成熟的方案（议案）吗？"对方肯定会陷入思考，觉得自己的方案不够成熟，于是基辛格就让对方拿回去重新修改。下级将修改后的方案再次呈报给基辛格时，基辛格就会将方案翻阅一遍，然后再问道："你认为这是最好的方案吗？还有比这更好的方案吗？"下级肯定会陷入更深层次的思考，他们会觉得也许自己某个地方确实不够成熟，就会拿回去重新修改。就这样，一份方案被修改了几回之后，已经使人充分发挥了自己的聪明智慧，这时基辛格的目的也就达到了。基辛格就是用这样的方式借助别人的智慧达到自己的目的。

基辛格的这种做法不仅使自己事半功倍，节省了不少的时间，还能让别人充分发挥自己的智慧，既可以锻炼下属的能力，还能让他们增长自己的才干。不愧为犹太人的一种精明的借助别人智慧的方法。

一个事必躬亲的人是不会将事情做好的，而且，凡事事必躬亲不仅处理不好所有的事，还会将自己搞得身心疲惫。这种费力不讨好的事情只有愚蠢的人才会做。

现代社会的分工越来越细，各行各业的精英越来越多，每个企业中都有很多小部门，领导者不可能凡事亲力亲为，这时候，需要的就是利用别人的智慧成就自己的事业。所有的大企业都有一个共同的特点，就是能够人尽其才，领导者会根据每个人的特点和特长进行分工，让他们在适合自己的位置上将自己的聪明才智发挥得淋漓尽致，这就是大企业能不断成功的原因。美国的钢铁大王卡内基曾预先写下这样的墓志铭："睡在这里的是善于访求比他更聪明者的人。"卡内基能从一个钢铁工人变成钢铁大王，虽然与他自身的努力分不开，但是更重要的是他善于发掘更多优秀人才为他工作，使他的工作效率大大提高，收获的回报增长了成千上万倍。

成功不是一个人或一个团体就能做到的，它需要集中无数人的智慧才华，只有集合集体的力量，才能在风云突变的今天不断前进。美国之所以成为世界第一大国，就是因为它很早就已经预测到21世纪最

有价值的是人才，其他的东西都是可以通过人才得到的。所以在第二次世界大战的时候，他们最抓紧做的事情就是网罗世界各地的各个行业、领域的科学家，战争结束后，美国飞速发展，现在的美国已经是世界上公认的第一大国，它借用了其他人的智慧成就了自己的伟业。

“好风凭借力，送我上青云”，一个聪明的犹太商人就是应该学会借用别人的智慧成就自己的事业，古人也说“尽人之力，不如尽人之智”。每个人的智慧都是不能直接衡量的，一些成功的犹太商人就是因为懂得适当地放手，让自己的手下去做他们应该做的事情，自己只负责统筹管理。只有相信别人的人，才能让自己的事业越做越好。一个整天担心这个做不好、那个也不行的老板，公司的员工也不会长久地追随他。只有确定了分工，每个人都各负其责，将自己的事情做好，成功就会近在眼前。

犹太人善于借助别人的智慧成就自己，这不仅表现在商场上，还表现在学术和科学研究方面。之所以有那么多犹太人获得诺贝尔奖，是因为他们中的很多人能够在别人研究的基础上，借助别人的智慧，进行更深层次的研究，这样他们的成功就是意料之中的了。如物理学家布洛赫能够在原子核磁场方面取得骄人的成就，与他得到著名物理学家量子力学奠基人海森堡的指导和影响是分不开的。

时不我待，借助趋势灵巧顺势而为

“与其待时，不如乘势”。红顶商人胡雪岩曾经说过：“顺势是眼光，取势是目的，做势是行动。”在犹太商人的眼中，乘势同样是成功的一个主要因素，所以成功的商人应该是乘势的高手。乘势在军事上表现为四两拨千斤，而在商场上就是一笔巨大的财富，有人凭借乘势一夜之间成为百万富翁，有人不会乘势，只能眼睁睁地坐失良机。

美国的食品大王鲍洛奇，就是乘势慢慢地成为美国食品界翘楚的。第二次世界大战爆发的时候，战场上的粮食蔬菜供应紧张，鲍洛奇听说日本侨民在花园里生产古老的东方蔬菜——豆芽，对此产生了

浓厚的兴趣。他来到这群人中间，发现将豆子放进钻了孔的木桶中，只要按时给它加水，白嫩嫩的豆芽就会像魔术一般冒出来。于是，他将这一“伟大发现”告诉他的合伙人贝沙，并且告诉他这一发现将会为他们带来无尽的财富。但是贝沙不这样认为，他觉得这是一笔小生意，而且豆芽是东方食品，能不能在这里打开市场还是一件未知的事情。但是鲍洛奇却有自己的见解，他认为现在正是战争时期，食品的供应很困难，豆芽的生长不受地点和气候的影响，很有营养，而且成本也不高，是理想的蔬菜代用品。再说，美国本来就是一个猎奇的民族，豆芽本身具有很悠久的历史和很浓烈的东方色彩，美国人肯定会对其产生浓厚的兴趣，它的卖点确实很多。于是，鲍洛奇开始经营豆芽的生意，结果果然如他所料，他按照自己的设想一步步走下去，后来真的成了东方食品大王，鲍洛奇的东方食品被美国的食品市场接受，并在传统的食品市场中找到了自己的位置，取得了巨大的成功。

鲍洛奇就是这样凭借战争的时机发财的，他的合作伙伴因为不会乘势，所以成为东方食品大王的是鲍洛奇。由此我们可以看出，借助恰当的时机，一样可以取得令人艳羡的成就。

很多成功的犹太人就是借助恰当的时机成功的，一般人遇到战争就会惊慌失措地寻找一个安全的避难所，只有那些颇具眼光的人才会在战争的背后看见巨大的发财机会。“乱世出英雄”这句话实在是太准确了。只有那些能在战争中发现商机的人，才会在战争中赚到别人赚不了的钱，这就是借助恰当的时机，乘势而上的巨额回报。

一位犹太人在美国居住，当美国出现经济危机时，东西便宜得不可思议，经常是用几美分就可以买到不少的东西，而且，由于很多东西卖不掉，人们就直接将其扔在路边。这位犹太人想，虽然现在商品贬值，但是国家肯定会进行宏观调控，过一段时间，东西肯定就会恢复原来的物价，到时候现在这些不值钱的东西肯定会很值钱。于是，在别人纷纷将货物以低价尽快出售的时候，他却将其买回来。他的妻子虽然很不理解，但是他们还是拿出了几乎全部的家产收购这些东西。不久，国家为了稳定物价，实行了宏观调控政策，将商品的价格抬高到原来的物价，这时他觉得时机已经到了，就将手里的东西卖出去，他的妻子觉得如果再等等，说不定价钱会更高，但是他还是按照

自己的思路，将东西全部卖出。不久由于市场饱和，很多商品的价钱逐渐降了下来。这位犹太人趁此机会赚取了大量的财富。

成功人士很早就能看出借助时势赚取财富的大好机会，于是他们在恰当的时机乘势而上，在没有时势的时候，就制造时势，因为时势对于一心想成功的人来说，就是一条捷径，谁抓住了它，谁就是明天赢在人生巅峰的佼佼者。一些人之所以总是不成功，不是因为他们不够机智，不够勇敢，有时候就是因为他们没有乘势而上，这样的人实在是太可惜了。成功的双臂已经向他们招手了，就是因为他们没有抓住时机，乘势而上，所以成功就这样与他们失之交臂，这样的例子实在是太多了。

所以，要想成功，就必须会抓住时势，然后乘势而上。只有这样，才能取得梦寐以求的成功。与其坐等时机，不如乘势而上，因为时势是成功者的摇篮。

借名扬名，让自己一鸣惊人

有些商家经常会碰到这样的情况，自己研制的某种商品，因为生产出来的时间比较晚，所以虽然质量好，但销路并不是很好。而且由于别的商家已经将市场占领，这时要想在原有的市场上开辟出一片属于自己的天地，很不容易。然而有些商家对此就不会发憷，他们会借名扬名，一鸣惊人。

20世纪50年代，有一个名叫约翰逊的犹太人创建了只有500美元资产的约翰逊黑人化妆品公司，初创的时候公司只有三个人。在当时的社会，人们买化妆品全是冲着名牌去的，像这样的小公司根本就不会有人关注。确实如此，产品推向市场后，销路一直不好，甚至快到赔本的地步了。约翰逊决定改变这种现状。当时，美国黑人化妆品市场最有名的公司是佛雷公司。在约翰逊公司生产出一种粉质化妆膏后，约翰逊想出了一个借名扬名的好办法。他投入大量的广告资金，在化妆品的专柜上到处可见这样的广告词：“用佛雷化妆之后，再涂上一层约翰逊粉质化妆膏，会有意想不到的效果。”这样一来，约翰

逊化妆品的市场占有率就大大提高了。接着，他们又推出了一系列其他产品，并加大了广告攻势和宣传力度，用了短短几年的时间，约翰逊黑人化妆品公司就和佛雷公司在销量上不相上下了。后来，美国的黑人化妆品市场成了约翰逊的天下。

由此我们可以看出，借名扬名也是成功人士获取成功的一条可选之路。在犹太人中，像这样在狭缝中慢慢壮大，最后获得成功的人不在少数，他们凭借自己的智慧和独到的眼光，在一条条别人看来已经毫无胜算的路上，在别人惊诧的眼神中逐渐走向成功。很多人之所以不成功，一是因为没有他们那样的胆识；二是因为没有成功的眼光。即使自己的商品不差，如果不知道该怎样将自己的商品推向大众，等待他们的就只有死路一条。

有一位犹太人自己投资成立了一家生产纸巾的工厂，由于纸巾的市场早就被一家老字号工厂占据了，要想占有市场，必须得有一些克敌制胜的绝招。这位犹太人亲自去市场调查，发现在超市的货架上，老字号的纸巾一般都摆在比较显眼的地方，于是他就和柜台的经理商议好，将自己工厂生产的纸巾摆在老字号纸巾的旁边，这样顾客在注意到老字号纸巾的时候，也会注意到它旁边犹太人所生产的纸巾，这样一来，顾客就会觉得这种纸既然可以摆在这个位置，那质量肯定也不差，于是就会买些试试，结果发现这种纸的吸水性更好，而且价格还便宜，于是犹太人生产的纸巾就这样渐渐和老字号纸巾不相上下了。

当自己的商品没有市场的时候，我们不妨学一下犹太人这种以名扬名的做法，这种方法既简单又实用，有时甚至会取得意料不到的结果。这样不仅可以打开市场，而且还会收获巨额的利润。现在许多商品就是借助名人效应才会在市场上逐渐兴盛的，很多人买东西不是冲着商品去的，而是冲着为它代言的名人，一贴上名人的标签，原来的商品就会价值倍增。由于名人的影响，商品会逐渐被人们记住，知名度也会渐渐提高。借助名人效应为自己的商品做广告，借助公众对名人的认同心理，使商品深入人心，这确实是明智之举。

有些商家看中了名人效应，紧跟时代之风，让时下一些炙手可热的明星为其商品代言，有些商家也经常出资举办一些名人能出席的活

动，或是赞助一些全国性的选秀比赛，使人们随时随地都能见到这种商品的品牌。这些广告就会妇孺皆知！

现在的市场竞争如此激烈，商家要想出各种各样的能够提高商品知名度的方法，无数商家的成功经历告诉我们，以名扬名确实是一个十分有效的宣传商品的办法。

名人效应是屡试不爽的好办法

在我们学的成语故事中，狐假虎威的故事人们一定耳熟能详，狐狸借助老虎的权威着实风光了一把。这样的事情不仅可以出现在童话故事中，就是在现在的商业中，有时候同样可以借用一些为商品提高名气的名人来为自己的商品作广告，提高知名度。犹太人在商业中将这一借用名气的原则称为名人效应。

所谓名人效应就是借助名人的影响力来影响社会，现在的很多商品，就是因为名人的代言才出名的，这种现象，在我们国家非常的普遍，不仅小到日用品，就是家居用品，办公用品名人的代言俯拾皆是。名人效应不仅可以影响人们的精神生活，而且也影响着人们的物质生活。

犹太人在经商的过程中就非常会借助名人效应。一些名人基本上是妇孺皆知的，这样的人在社会上最有影响力，尤其是当他的粉丝还挺多的时候，让他代言某种广告，自然效果就会非常的好。普通人往往都有追星的倾向，认为某个明星在用这一商品，而且既然明星都说这个商品的效果很好，那自己也应该值得试一试，于是很多人争相购买某类明星所代言的商品。商人正是揣摩透了大众的心理，于是他们纷纷找一些能够将自己的商品带红的明星，为自己代言或者是做广告。

一位犹太心理学家在给大学心理学系的学生上课时，做了一个实验，首先他向大家介绍了一个客人，说这个客人是从德国来的一位著名的化学家。然后这位化学家向大家做演讲，这位化学家用他那带有很浓重的德国口音的英语向大家介绍道，他在做实验的时候发现了一种新的化学物质。同时他还拿出了一个小瓶子，说这种物质有很强的

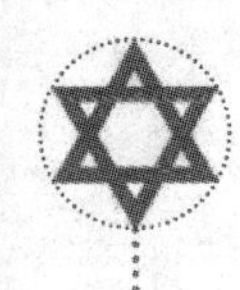

刺激性气味，但是它对人们没有害处，说到这里的时候，他还将瓶盖打开，并且让那些闻到气味的同学举起手来，有一大部分的学生都举起了手，说自己闻到了那种刺鼻性气味。瓶子里装的到底是什么呢？是新物质吗？不是，瓶子里面装的根本就不是什么有刺激性气味的新物质，而是一瓶蒸馏水。为什么会有那么多的学生举起手来，就是因为名人效应，因为相信那位化学家的权威和名气，所以就认定那小瓶里装的就是那种新物质，假如说，专家在一开始的时候说，这就是一瓶蒸馏水，还有谁会说自己闻到了刺鼻性气味呢？

名人效应是一种客观存在的社会现象，在社会上普遍存在，人们经常会受到这些名人效应的影响，消息传播者的名气越高，威信也就越高，人们受到他信息影响的程度就会越高。现在很多商人在为自己的商品提高名气的时候，首先就会将自己的目光投注到那些正在蹿红的明星身上。因为明星的高知名度可以为商品带来高注意力和视觉冲击力，而且由于名人的带动，商品的知名度也会跟着提高。有些名人因为商品代言的效果好，这个名人的地位名气也会被提升，而名人的名气一旦上去了，这个商品的销路就会更加的红火，这都是相辅相成的。名人效应最重要的就是能够起到一种模范带头的作用，引起人们的竞相模仿。有些普通的民众也会因为自己喜欢的那位明星为某类商品做广告，而对那种商品也感兴趣，这就更加带动了人们的消费需求。

中国的一些名人在为商家的商品做广告时，往往不会亲自试用，但是犹太的名人做广告之前，一定要先试用这种商品，当这种商品自己用来真的感觉很好的情况下，他们才会为这种商品做代言，否则，如果商品出了问题，他们也是要受到责罚的。所以他们的名人效应更具有真实性和可靠性。

借用名人效应的情况，在我们国家更是处处可见，现在的很多商品都是借用名人的效应，不管对方是新近崛起的选秀明星，还是老牌明星，是电视剧热播的主角，还是名气响当当的运动健儿，只要能为自己的商品提高知名度，只要对方炙手可热，不管自己花多少的资金那都是可以接受的。

看来商家要是想在市场上占有很高的分量，想尽快的提高自己商

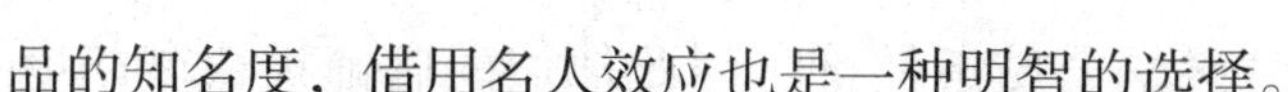

品的知名度，借用名人效应也是一种明智的选择。

巧借他人弱势，发扬自身优势

俗话说：“金无足赤，人无完人。”这句话在商场上同样适用，因为一个人、一个企业的能力毕竟有限，不可能所有的东西都精通，有时候竞争对手精通的东西自己却全然不知。这时候，度量小的商家就会揪住对手的短处进行攻击，而不是学习对方的长处，这样只会将生意越做越差。真正聪明的商家会学习对方的长处，然后不断超越，这样既不会给自己留下恶名，同时也会让对手输得心服口服。

犹太人经常将自己和对手进行比较，找出自己的优点和缺点，同时也会观察对手，但是他们在对手身上看见的是对方的长处，而不是短处，这样他们就会向对手学习，只有将对手的长处学到手，自己才有把握去打赢他们。学习对手的长处就能省去不少探索的时间，不少成功的企业家就是这样走过来的，当他们碰到难题的时候，就从对手那里寻找突破口，这是最便捷、有效的办法。

犹太人特奥的母亲不幸辞世，只留给他和哥哥一家小小的零售店，于是兄弟二人就以这家简陋的小店为生，平常只是卖汽水、罐头之类的速成食品，一年下来，他们赚的钱实在是微乎其微。哥哥卡尔就问弟弟：“为什么别人的商店就比我们的商店红火呢？”弟弟说：“我觉得是我们的经营有问题，如果经营得好，小店也是可以赚大钱的。”于是，他们就去其他的商店，看看有没有什么经营的秘方。一天，他们来到一家顾客盈门的商店，这家商店的生意特别火，这引起了兄弟二人的关注，于是他们就想看看有什么诀窍。他们走到商店的旁边，看到门旁贴着一张纸，上面写道：“凡来本商店购物的顾客，请将您的发票保存好，这样在年底的时候，可凭发票免费得到发票款额3%的免费商品。”他们把这张告示看了好几遍，终于明白这家商店为什么生意这么兴隆了。于是，他们立刻回到家里，贴上了一张醒目的告示：“本店从今日起，全部商品让利3%，保证我们的商品是全城的最低价，如不是最低价，可到本店找回差价，并有奖励。”由

于他们让利3%，同时又是全城最低价，因此他们的店铺很快就门庭若市。后来，他们借机在市里开了十几家店铺。

从上面的例子中我们可以看出犹太人的借力智慧，在从商的过程中，与其找对方的短处，不如学习对手的长处，相互攻击只会互相压价，最后弄得两败俱伤。将对手的长处学到手，就能找到一条赚钱的捷径，就像例子中的两兄弟，他们就是因为学习别人的长处，才将自己的小本生意越做越大。有些商家为了将对手击垮，经常是不择手段，这样的做法同样也会让他们付出代价，因为对手会以其人之道还治其人之身，这样的竞争就是一种恶性竞争，结果是不公平竞争的现象越来越猖獗，这样做同样会损害消费者的利益。

犹太商人早就知道这样做的后果，所以他们遇到比自己强的对手时，不会用歪门邪道将对手击败，而是用公平竞争的手段，这才是真正的成功者的做法，这也是犹太商人值得我们学习的地方。

现在的市场竞争非常激烈，商家为了争得生存发展的空间，都想将对手击垮，竭尽全力进行竞争，这是应该的。但是我们也应该看到，市场的形势是瞬息万变的、多元的，同行之间应该和谐相处，而不应该是冤家路窄的仇人关系，所以在商场上应该互相学习彼此的长处，而不是不择手段地去攻击对方的短处。学习对方的长处，既能提高自己的水平和能力，同时也能巩固自己的地位，只有不断提高自己的实力，才能在激烈的竞争中不被淘汰，持久地占有一席之地。

借一点外力，来积累自己的财富

《塔木德》经常教导犹太人要学会借别人的鸡，下自己的蛋。在没有任何可以创业的东西时，我们可以借助外力帮自己实现一心想做的事。《塔木德》告诫人们，即使自己一无所有，也可以想办法借助别人的力量实现自己财富的积累。

在日本的东部有一个名叫鹿儿岛的小岛，由于这里气候湿润，鸟语花香，每年都会有大量的游人来这里观光旅游。有一位犹太人名叫安德森，他在日本经商多年。第一次登上鹿儿岛之后，他就决定放弃

自己的生意，在这里开一个度假村。一年后，度假村终于成功落成，但由于度假村处在一个没有树木的山坡上，很多游客来了之后，都会感到很扫兴，于是有些人就建议安德森在山上种一些树木。安德森也觉得这是一个很好的主意，但是这样做需要一笔很大的开销，而且雇用工人也不是一件很容易的事情。不过，安德森毕竟是犹太人，天生就是做生意的料，他脑子一转，就想到了一个借鸡生蛋的妙招。他在度假村的村口以及其他一些地方的招牌上打上了一条这样的广告："各位亲爱的游客，你想在鹿儿岛上留下永久的纪念吗？那么请来鹿儿岛度假村的山坡上，为你的旅行或者婚姻栽一棵纪念树吧！"在都市里生活的人们都喜欢绿色，毕竟在大都市里，除了废气和噪声，根本就没有多少新鲜的空气，而且，亲自种上一棵属于自己的树，这样的活动确实比较有纪念意义。于是，自从安德森将这个广告打出去以后，一时间来鹿儿岛旅游的人数大增，度假村顾客盈门。安德森为顾客准备了一些树苗、铲子和浇灌的工具，并提出了一些种树的规定，收取每个顾客300日元的树苗费，并给每棵树配上一块木牌，由游客亲自在上面刻上自己的名字，到此一游的人都觉得这样做的确非常具有纪念意义。一年下来，除住宿费外，度假村收取了1000多万日元的栽树费，扣除树苗工本费400万日元，还赚了600多万日元。几年后，随着幼苗成材，以前光秃秃的山坡变成了绿色的山坡。

安德森这种做法实在是高明，让你花钱，让你出力，同时还让你高兴而来，满意而归，聪明的安德森就是这样将不可能实现的事，变成了一件可能的事。安德森凭借借鸡下蛋这样一种借力思维，将一片光秃秃的山坡变成了绿色的山坡。

成功的犹太商人经常使用这种借鸡下蛋的策略，这样既能为自己节省财力、人力，同时还能让客人满意。一些人不敢借别人的钱去做生意，因为他们怕自己还不上，就指望着自己有朝一日能攒够合适的钱，然后再去做生意。拥有这种想法的人，不懂得如何抓住市场的行情。现代社会风云变幻，假如此刻的你看中了某种生意很赚钱，但是因为没有资金而错失良机，等你凭借自己的力量终于攒够钱的时候，这种生意已经在市场上饱和了。所以，一旦把握不住机会，机会就会与你擦肩而过，而且永不回头。只有敢做大事，有大气度的人，才会

运用借鸡下蛋这种营销策略。

当然，虽然借鸡下蛋是一种很有效的经营策略，但是要想将它运用自如，并不是一件简单的事情，因为你要知道别人愿不愿意借给你鸡，人家借给你的是母鸡吗？你能确定它一定会生下蛋来吗？总之借鸡生蛋也不是一件十分容易的事情，所以在运用这一策略的时候，一定要慎重考虑，千万不可贸然决定。

很多成功的犹太商人创业的时候，就经常运用借鸡下蛋这种策略，结果证明，他们的这种做法是正确的，因为他们已经用自己成功的经历向人们证明了这一点。假如你也想突破重重阻碍创立一番自己的事业，一定不要泄气，聪明的你也应该学一下犹太人创业的方法，试试借鸡下蛋的策略，只要运用得好，你也一样能成功。

掌握借金术，让你终获出头之日

在犹太人的思维方式中，一切可以成就自己的东西都是可以借来的，借资金、借技术、借人才，这些可以为己所用的东西都是可以直接拿来用的。这个世界已经为你准备好了你可以用的所有东西，你所应该做的就是将这些有用的东西搜集起来，然后用智慧将这些东西组合起来。

尤其是对于缺乏金钱的生意人来说，这时候最应该做的就是向银行借贷，犹太人认为应该尽量地向银行贷款，用银行的资金为自己办事。在犹太商人的眼中，如果你不能借助别人的钱为自己所用，那么这样的商人是很难成功的。

聪明的犹太人就是这样，他们不会让自己顾忌太多，既然大家都想赚钱，那么只要有合适的利益可图，只要不违反法律规定，就算冒险也不算什么。很多成功的犹太人在开始创业的时候，基本上都是一穷二白，但是他们就是有胆量有气魄去实现自己的目标，这就是现在我们很多人要学习的。有些人在创业之前，畏首畏尾，一直不敢去大胆地尝试一下，甚至觉得借到钱是不可能的，犹太人的这种借钱赚钱的方法，几乎每个想成功的人都可以使用。

第7章

掉头逆行，逆势而行之的犹太人

思想家：马克思　弗洛伊德

艺术家：毕加索　斯皮尔伯格

科学家：爱因斯坦　奥本海默

商业奇才：洛克菲勒　摩根　巴菲特　格林斯潘

政界要人：托洛茨基　基辛格　古里安　奥尔布赖特

不走平民路，偏高品质路线

我们一直赞成的一种商业观点是薄利多销，因为这样消费者就会觉得很实惠，从而会广开销路。通常人们认为这是加速资金周转、累积利润最有效的途径。而犹太人却经常是厚利适销。也就是说同样的商品，他们以比其他商家高的价格销售。人们普遍认为这样会使商品更难卖出去，结果却不然，因为这样就使商品的档次上升了，从而可以满足一些中产阶级或者上流人士的需要。这就是犹太商人反弹琵琶的一种经商策略。

有一个贫穷的妇女到集市上去卖苹果。虽然她的苹果是集市上最好的苹果，但是她没有向路过的行人宣传这一点，她不知道该如何为自己的苹果吆喝。从上午一直到傍晚，没有人来买她的苹果。这时，走过来一个拉比（在社会上受尊敬的宗教知识分子），她对拉比说："充满智慧的拉比啊，我现在一个苹果都没有卖出去，我明天都不能过安息日了。我该怎么办？"拉比俯下身子，仔细看了看她的苹果。他发现她的苹果是集市上最好的苹果，于是他就站在一块比较显眼的石头上，喊道："有没有人想要最好的苹果？"他喊了三遍以后，人们纷纷向这边涌来，妇人被包围在一个小圈子里，于是在人们的哄抬中，价格上涨了三倍，妇人的苹果也全部售出。于是，拉比又在旁边使劲说道："善良的人啊，假如你们从商，你们的商品如果有缺陷，那你们要说出来，这样人们就不会觉得你们是没有诚信的人；如果你们的商品是最好的，那也要说出来，因为如果你们不说出来，顾客又怎么会知道你们的商品好在哪里呢？"一位年轻人问道："好就是好，为什么还要说出来呢？这样不就让人觉得是在自夸吗？"拉比回答道："如果你不说出来，顾客就会把质量差的商品买回家，你这就是在帮助奸商欺骗顾客，这样你的商品也会因此受到影响卖不出去啊！"

犹太商人这种反其道而行之的商战策略，也是他们能够赚取大量利润的原因之一。而在有些地方，商家只会采用互相压价的策略在同行竞争者中取胜，从而使商品的质量越来越差，不能满足不同层次人们的需求，使商品越来越卖不出去，就这样进入了一个恶性循环。而犹太商人就不会在这样的怪圈中打转，他们会想到这种反弹琵琶的策略，结果证明这是一种正确的策略。

精明的犹太商人为了避免薄利多销的冲击，一般会选择厚利的商品，他们的销售对象一般是有钱人，因为有钱人不会太介意商品的价格，而且在他们看来，如果价格太低，他们会觉得不够档次，因此你的价格定得高一点儿，他们反而会觉得物有所值。而一般的小商家做不起这种生意，所以这样势必就会减少竞争。而这种厚利适销的策略，慢慢地也不仅仅局限于上流社会，因为中产阶级慢慢地也会像上流社会看齐，两三年之后，这种厚利的商品就会流入中产阶级。而且现在的社会，人民的物质水平已经有很大程度的提高，很多厚利的商品也开始渐渐流入寻常百姓家。由此我们不得不惊叹，犹太人的厚利适销也是一种长远的发展战略啊！

犹太商人揣摩透了消费者的心理，所以他们能在其他商人都采用薄利多销策略的今天，将自己的生意做得红红火火。

精明的商人应该向犹太人一样，能在众多商家共同走的路上寻找出一条适合自己的道路。有时候反弹琵琶会收到意想不到的结果，只是很少有人会有这种反其道而行之的想法，即使有，很多人也不敢轻易尝试，因为没有先例，自己又实在没有勇气以身试法，只好跟着别人走，别人向东自己也向东。这样一来，即使走进死胡同也不会太过伤心，因为大家走的都是这条路。

市场冷门往往是财源之路

犹太人的经商思维是世界上最惊人的，他们往往能在一些看似没有任何商机的领域看到赚钱的机会，然后在别人目瞪口呆的表情中，他们将自己的盆钵用金钱装得满满的，这就是精明的

犹太人的一种冷门思维。他们认为越是冷门的行业，它的发展前景越大，自己赚取利润的机会就越多。

1973年，美国吉列公司在市场调查中发现，在被调查的8360万名30岁以上的妇女中，大约有6490万人为了自身美好的形象，需要定期刮腿毛和腋毛，但是当时市场没有专门女性用的刮毛刀，所以在这些妇女中，除了有4000多万人使用电动刮胡刀和脱毛剂外，其他2000多万人使用的都是男性的刮胡刀，一年的费用高达7500万美元。于是，吉列公司在1974年想女性推出了女性专用的雏菊牌女性专用刮毛刀，所有的人都认为吉列发疯了，他们认为他的这种刮毛刀销量肯定不会好，因为有这么多的刮毛刀可以让女性选择，结果产品一流入市场，就引起了女性朋友的关注，她们于是纷纷解囊，事实证明，吉列的选择是正确的，他的刮毛刀畅销全美国，销售额高达20亿美元。美国吉列公司就这样大赚了一笔。

犹太商人就是这样能经常抓住市场的空隙，避开竞争对手，看好市场空白，有力地抓住市场的机遇，狠狠地赚取财富。他们一般会选择市场上没有人看好的机遇下手，这样不仅可以避开竞争对手的竞争，而且现在还是冷门的行业，将来也有变成热门的可能，但是这需要一定的时间，在一段时间内，资源的价格还是比较低廉，耗费的精力也不是很多，市场的价格也不会时时波动。往往是谁先占有了空白市场，谁先做了独家生意，谁就能掌握市场的主动权。

有这样一个小故事，两个人到某地去采购茶叶，因为这里的茶叶在市场上十分走俏，由于商人甲先到一步，所以他就将这里的茶叶全部抢购一空，商人乙到了以后，非常失望，但是失望之余，他也看到了一些商机，于是他将这里的茶篓全部收购了，商人甲为了将茶叶运输出去，不得不花高于平时几倍的价格买下了茶篓。由此我们可以看出商人乙的精明智慧，他正是看见了市场的空缺所以才能赚取到茶篓的钱，如果他只看见商人甲将茶叶全部收购了，自己已经没有任何的机会了，于是自己败兴而归，那么他又怎么可以赚到钱呢。

犹太人说："抓住好东西，无论它多么微不足道，伸手把它抓住，不要让它溜掉。"人们经常会跟着社会的形势走，看见某行业很赚钱，大家就蜂拥而上，然后竞争就开始激烈了。真正成功的商人，

是不会跟着时尚随风而舞的，他们一般都会有自己独到的眼光，能在别人失去理智、没有思考能力的时候，冷静地思考出一条真正适合自己的路。

在犹太人眼中，不是缺少商机，而是缺少发现商机的眼睛。很多行业都是由冷门慢慢地变成热门的。这不是一蹴而就的，很多时候是人们发现它的商机大，盈利多，这时候人们都会一拥而上，将原来的冷门变成热门，当热门饱和的时候就会变成冷门。很多人不明白市场经济学是怎么回事，他们只是紧跟着市场的行情走，市场的行情归根结底是由人创造的。成功的商人是让市场跟着自己走，而不是自己被动地跟着走。

市场的发展谁也不能预料，今天的冷门也许就是明天的热门，而今天的热门保不齐到明天就是一个人冷门。成功的商人是一直在跟着冷门走，当他们把冷门变成热门后，他们会接着寻找下一个冷门。一笔一笔的财富就这样不断地流入他们的口袋，而其他的人只能眼睁睁地看着财富流入别人的口袋。

逆势而行，反向思考更易成功

在纽约的一条街上，有三家裁缝店，而且三家裁缝店的距离很近，竞争的激烈程度可想而知。三家店都想招揽更多的顾客，但是如何才能将更多的顾客招揽到自己的店中呢？他们都为此大伤脑筋，因为技术问题不是能立竿见影产生效果的，于是他们纷纷考虑其他的招数。有一天，第一家裁缝店在门口挂出了一个招牌，上面写着“纽约最好的裁缝店”。第二家裁缝店的店主见第一家挂了这么一个招牌，心想，他的口气这么大，我只能比他口气更大了。于是他在第二天也挂了一个招牌，上面写着“全国最好的裁缝店”。第三家是犹太人开的店，老板娘见前两家这样大言不惭地挂出招牌之后，就对丈夫说：“我们只能说是世界上最好的裁缝店了，不然压不过这两家啊！但是这样也太虚了吧，别人会笑话我们的，你说我们该怎么办啊？”丈夫微微一笑，说道：“不用担心，他们两家挂出的招牌其

实是在为我们做广告呢！”第三天，第三家也挂出了一个招牌，上面写着“本街最好的裁缝店”。就这样，第三家裁缝店招揽了更多的顾客。

犹太人没有按照正向的思维方式思考这个问题，他运用了逆向思维。正是因为他能运用逆向思维思考问题，所以才击败了竞争者。这种别出心裁的逆向思维方法，有时候能产生意想不到的效果。有时候，正向思维解决不了的问题，运用逆向思维，可能会使问题迎刃而解，关键取决于思考问题的人有没有逆向思维的能力。

有一个盲人去朋友家做客，很晚了才回家，朋友让他带盏灯，可是盲人坚决反对，他想反正自己的眼睛看不见，带灯和不带灯没有什么区别。于是，在好友无奈的叹息声中，他离开了朋友的家，往自己家的方向赶。在路上，由于天太黑，一个人直接撞到了他的身上，那个人接着就愤愤地骂道：“你眼瞎啊！不看路啊！”盲人说道：“是啊，我是看不见，难道你也看不见吗？”对方这时才发现这个人是个盲人，于是说道：“你是个盲人，怎么不带盏灯呢？”盲人这时候才明白了朋友的好意，朋友让他带盏灯，不是为了给自己照路，而是为了提醒别人，这样别人就不会撞到自己了。可是自己根本就没有领会朋友的好意，还觉得自己很正确呢！

人在正向思考的时候很容易走进死胡同，不知道自己忽视了一些问题，逆向思考这个时候就能发挥惊人的效果。逆向思维随时随地都可以使用，只是由于人们已经习惯运用正向的思考方式来解决问题，所以经常会忽视逆向思维。

逆向思维能使人们打破原有的思维模式，摆脱原有的思路，另辟蹊径，找出解决问题的新办法，这就让人们有一种耳目一新、豁然开朗的感觉。人类历史上的很多技术难题都是运用逆向思维解决的。正向的思维使人的思路越变越窄，而如果从反面去考虑问题，就不会局限在原来的层面上。从其他角度找到解决问题的突破口，不仅能大大缩短解决问题的时间，而且也不会花费太多的精力。

很多成功的犹太人就是因为能另辟蹊径，在别人看不见商机的地方能够发现特殊的商机，才获得成功的。犹太人很重视培养孩子的逆向思维，在犹太人的从商生涯中，这种思维方法也能帮他们解决不少

商业上的难题。比如，将不小心烧了洞的裙子做成凤尾裙；将不小心染上颜色的布做成迷彩服……犹太人就是凭借这种智慧使做不下去的生意起死回生的，他们运用自己的才华和智慧将自己的事业做得红红火火。

逆向思维能帮助我们解决棘手的问题，并且具有普遍适用性，几乎各行各业都可以使用，所以，我们应该开动脑筋，让逆向思维在我们的生活中处处开花。

此路不通，调转船头另辟蹊径

人们在生活中，经常会走入死胡同，这时不但不能解决问题，还会让自己越来越烦躁，于是问题越来越棘手。这时候，人们应该学会换一种思路来解决这个问题，就像在数学中遇到问题的时候，如果这个方法解决不了，就要想另外一种方法来解决。

犹太人在经商中遇到问题时，不会被问题困在一个怪圈里，而是转换思路，用其他的办法将问题解决。如果制度规则成了解决问题的障碍，他们就会想方设法改变制度规则上的缺陷，毕竟制度规则是死的，人是活的，人不可能一辈子活在已僵化的制度下。

一个建筑工地上，几个工人在为一栋新修的大楼安装电梯，他们遇到了一个非常棘手的问题：要把电线穿过墙里面一根直径只有3厘米、长却有10米的管子，这真是一个难题。他们试了好几种办法，都没有将问题解决。这时，一个犹太小伙子想到了一个解决问题的办法。他找到一雄一雌两只老鼠，将电线拴在雄性老鼠身上，将雌性老鼠放在电线管道的另一端。这时，使劲一捏雌性老鼠，它就会发出"吱吱"的叫声，雄性老鼠听见雌性老鼠的声音，便飞快地穿过管道向另一边跑去，就这样，电线穿了过来。

用寻常思路解决不了问题时，换一种思路，就会有柳暗花明的感觉。人不能将自己局限在一个思考层面上，这样只会让自己的思路越变越窄，不但无法解决问题，还会让情况越变越糟。

有个犹太商人借了高利贷，但是商人的生意失败了，他欠的高

利贷一时还不上，在那个时代，商人会因借钱不还入狱的。放高利贷的人看上了商人的女儿，于是就说，只要商人的女儿答应做自己的妻子，借款就一笔勾销。商人的女儿见放高利贷的人又老又丑，当然不乐意。于是放高利贷的人说，现在他拿两块石头放到袋子里，一块白色的，一块黑色的，如果商人的女儿摸到白色的石头，那么借款就可以不用还了，而且商人的女儿也可以不用嫁给他；而如果是黑色的石头，那商人的女儿就要嫁给他，借款一笔勾销。商人的女儿同意了，但是，她看见放高利贷的人在捡石头的时候，捡了两块黑色的石头。她想如果按照一般的方法处理这件事情，肯定不可行，于是就想了一个办法来对付这个放高利贷者。她摸了一块石头，拿出石头的时候，手故意一松，石头掉在了地上，混到了很多相同的小石头中，再也找不到了，于是她说道："既然我摸出的那块已经找不到了，那么看看里面那块是什么颜色的就知道我摸出的是什么颜色了。"口袋里的石头当然是黑色的。于是商人的借款一笔勾销，商人的女儿也不用嫁给那个放高利贷的人了。

商人的女儿就是利用自己的机智，转换了思路，既替父亲免除了欠款，也让自己摆脱了放高利贷的人的纠缠。有时候，人在一条路上走不下去的时候，就需要换一个思路，这头不通走那头。成功的商人更是需要这种思维。

换一种思路就是让自己的思路转换到另一个角度。可是很多时候，人们坚信自己的观点做法是正确的，于是就一条路走到黑，结果很无奈地发现，这条路是死胡同。虽然自己可以重新再去寻找另外一条适合自己的路，但是所花费的时间、精力，以及所有的付出，就会付诸东流，这是一件很让人惋惜的事情。犹太人经商的时候，就不会出现这种情况，他们会在投资一个项目之前制订下一个计划，假如计划在实行三个月以后，还是不理想，他们就会毫不犹豫地将其舍弃，果断地投入下一场投资中。

颠覆一下思路，有一个耳目一新的感觉

有些时候，人们顺向思维解决起来非常棘手的问题，颠覆一下思路，可能就会很容易将问题解决了，由此产生的结果也会大不相同。犹太人是善于颠覆思路的，他们经常会将事情通过其他的角度去思考，因为这毕竟是事关自己切身利益的问题。

最初洗衣机甩干桶在最早的设计时，是用硬的材料制成的，这样的甩干桶噪声太大，而且转动的时候耗时耗电，设计者们想出了无数个办法来解决这个问题，为了避免甩干桶的摇晃，他们一直在用加粗轴承的办法来解决这个问题，设计者们想了无数个办法，但是办法虽多，问题始终解决不了，噪声的问题始终是个难题摆在设计者面前。如何去除甩干桶的噪声成为了首要的问题，人们一致认为是轴承的坚固性不够，他们一直想用一种最坚硬的材料做成甩干桶，直到有一天，一位设计者想到，以前我们一直在尝试用最硬的材料做甩干桶，如果用软的材料结果会如何呢？于是他就用一种软塑料做甩干桶实验，实验效果非常的好，噪声基本上没有了，而且由于换了软塑料，所以它的重量非常的轻，不仅加快了甩干的速度，而且放上衣服的甩干桶也变得不再摇晃，甩干效果非常好。

人们就是这样通过颠覆思路，找到了解决问题的好办法。如果人们还是一味地沉浸在原来解决问题的思路上，那就只能限入解决问题的怪圈中，问题始终得不到解决。就像数学中的由结论去推条件的证明题，很多时候，你从正面的条件直接去推结论可能不是很容易，而由条件去推条件可能要求的事情就会一目了然，这就是逆向思维的好处。犹太民族曾被人称为是世界上最聪明的民族，他们经常能绝处逢生、化险为夷，这就是因为他们经常可以在正向思维不能解决问题的时候，运用他们的逆向思维来思考问题。

著名的航海家哥伦布，是一个犹太人的后裔，他身上所流露出来的智慧正是犹太民族智慧的体现。哥伦布在发现新大陆之后，返回英国，女王为他专门办了场欢庆宴。但是英国上流阶层的人瞧

不起这位没有爵位头衔的犹太人后裔，于是他们纷纷出言挖苦他和嘲讽他。“出去航海有什么了不起的？只要驾着船朝一个方向开就是了。”“是啊，这家伙的运气真好，谁碰上这样的事，谁就会出名！”“如果是我去航海我也会出名的。”这群人就这样肆无忌惮地嘲讽着哥伦布。但是哥伦布根本就没往心里去，他微微一笑，说道：“谁能把熟鸡蛋竖起来？”好些人都跃跃欲试，但是无论他们怎样摆放鸡蛋，这个椭圆形的东西就是立不起来。于是有人就说：“我们立不起来，你也一样立不起来。”哥伦布没有说话，他把鸡蛋面积大的那头轻轻一磕，鸡蛋的外壳就凹进去了，就这样鸡蛋轻而易举地立了起来，“这也太容易了，我们也会。”“问题是在我立起来之前，为什么你们没有人会想到这个办法？”

这个故事想必大家都是耳熟能详，哥伦布的航海成功肯定不是轻而易举的事情，如果和那些高傲的上流人士说自己的艰辛，说航海并不是一件简单的事情，那些人肯定觉得哥伦布是在向他们卖弄或者是有意夸大自己的神勇。哥伦布颠覆正常的思路，只是用竖鸡蛋这么一个小小的急转弯就难住了那群人。意思很简单，你们连这个问题都不能解决，你们还有什么好讽刺的。

颠覆思路，往往就能收到这种言有尽而意无穷的效果，一针见血地就能将问题的实质暴露无余。人们在自己的生活经历中，多多少少都会有自己的人生经验，人们喜欢按照旧有的思维方式来解决所有遇到的问题，只是这样的情况容易让自己局限在一个很小的思维圈子内，没有多少其他解决问题的办法，这样的解决方式让自己的生活很单调，解决问题的办法很古板，其实在这种时候自己颠覆一下旧有的思路，可能就会发现另外一种省时省力的更好的解决办法，这种新的解决办法经常让人有耳目一新的感觉。就像精明的犹太人在和人谈判的时候，他们经常会从对方的角度考虑，比如对方定的最后的谈判时期是几号，我们就等到那天再谈，这样对方就会接受很多有利于我们自己的条件。

摆脱困境，解决问题的逆向思考方式

从前，有一个海岛，海岛上有大量沉积多年的珍珠，只是这个海岛人们根本就上不去，只有海鸟能飞上去，它们经常去那里吞食珍珠。渐渐地，人们知道了这个消息，很多人带着枪来捉岛上的海鸟，希望能够获得大量的珍珠，发大财。于是海鸟的数量渐渐减少了，就是幸免于难的海鸟，也天天过着战战兢兢的生活。有一天来了一位商人，他在海鸟经常栖息的岛上，买下了大片的森林，并在森林的边上，围了一圈的栅栏。他告诫自己的仆人，不许用枪打或者驱赶海鸟，当海岸边的枪声一响，就会有海鸟不经意地闯进他的森林，渐渐地，海鸟就发现，这是一个良好的栖息地，海鸟们都愿意来他的森林里栖息，它们在这里再也不用提心吊胆地生活。等海鸟渐渐地在这里稳定下来以后，他就用各种各样的粮食和果实做成各种鲜美的食物喂给海鸟吃，海鸟贪吃，它们吃得很饱，于是就把肚子里的珍珠吐了出来。这时他就让仆人去捡，就这样，这个人成了百万富翁。

同样是为了得到珍珠，这个商人的做法是让海鸟们心甘情愿吐出珍珠。这个商人善于从侧面挖掘有利于自己的信息，他不是像其他人一样，这才是真正成功商人的做法，他们的目的可能和大多数人的目的一样，但是他们能够通过自己的智慧，让自己的问题得到非常圆满地解决。

犹太民族是一个历经了重重磨难的民族，这些磨难让犹太人成了无家可归的流浪汉，他们奔波于世界上的各个地方，同时也正是这些磨难让犹太人拥有了世界上巨额的财富。如果他们一味地沉浸于国破家亡的伤悲中，那么他们永远也不会走出这个阴影，更不能赚取那么多的财富。

有一个犹太家庭在战争中被毁了，孩子一直哭泣，父亲在旁边安慰他说："不要哭了，孩子，没有人会在意我们的哭泣，我们哭得越厉害，那些破坏我们家庭的人就越开心。"然后父亲又对孩子说："孩子，这时候的你，一定不要只看到眼前的这种情况，这只是暂时

的。只要活着就有机会，尤其是现在这种战争的时候，我们的机会就越大。我们可以把粮食、药品用很便宜的价格买进来，然后再以较高的价格卖给其他人。我们可以把脏水多过滤几次，这样就可以变为清水，然后将它卖给那些需要水的人，现在的人都很缺钱用，我们把钱借给他们，然后再收取一些利息，这样等过一段时间，我们的钱就会变成双份的钱。他们现在毁了我们的家园，没关系，我们会连本带利的一起赚回来，以后我们会建一个比这好百倍的家园。”孩子恍然大悟，说道：“爸爸，我明白了，以后遇到什么事情我都不会哭了，首先想到的事情是看看能不能从中找到机会。”父亲笑了：“现在，你才是个真正的犹太人。”

犹太人就是这样经常反向思考他们遇到的事情，当所有的人都在战争面前变得手足无措，四处逃难的时候，他们看到的是赚钱的机会，塞翁失马，焉知非福？用在犹太人身上是最恰当不过的了。世界大战、军事战争、经济危机让好多人一夜之间由富豪变为贫民，也有好些人会从一文不名变成世界宠儿。犹太人就是这样一群人，在战争中，他们可能会失去家园，失去家庭，妻离子散，也可能会失去生命，但是只要活着，他们认为自己就还有机会，他们可以重建家园，可以寻找妻子孩子，可以将自己的身体养好，只要还活着，一切都有可能。于是在别人都忙忙碌碌的饱受战乱之苦的时候，他们看到的是巨大的商机和利润。好多成功的犹太人就是凭借战争而发大财的。

很多人经常遇到一些什么事就赶紧往后躲，觉得多一事不如少一事，其中的一些机会就在躲避的过程中与他们擦肩而过。很多时候将事情换一个角度去思考，反过来再打量，就会发现其实事情并不是那么糟。自己当初看到的或许只是冰山一角，真正掩藏的对你来说可能就是天大的机会呢，这也说不定。

变“废”为宝，一切皆有可能

逆向思维通常就是思考的主体有意不按通常的规则去思考问题，将所有的问题，反其道而思之。平常，人们经常会将

事物的优点作为研究的主要对象，刻意忽视事物的缺点，这就限制了人们的创造活动。其实，如果对事物的缺点进行逆向思考，事物的缺点一样会化腐朽为神奇，有时候甚至会带给人们意想不到的惊喜。

一次，德国某造纸厂的一位犹太技师，在造纸的过程中，由于自己的粗心大意，忘记往纸浆中加胶，导致生产出了大批不能书写的废纸。就在他忧心忡忡地等待被老板解雇时，他的一位同事向他建议，看看这批纸有没有其他的用处。于是他就用这些纸进行实验，结果发现这些纸的吸水效果特别好，他就将这批纸作为吸墨水纸出售，结果大受欢迎，后来他还将这一成果申请了专利。这位技师后来专门研究这种吸水性特别好的纸，并且因此成了百万富翁。

看到这位技师的成功过程，估计每个人都会羡慕他的好运气，这是因为他发现了被认为百无一用的废纸的优点，并将其加以利用，而成就了自己的事业。人生的很多事就是这样靠运气的出现。有些人看到事情办砸了，就直接将其舍弃，他们没有看到，缺点一经开发，也许会变成另外一种优点。只有那些善于思考的人，才能在错误中找到补救的办法，甚至会因此而成就自己。

人与人之间的不同，就是思维方式的不同。看待问题的角度不同，人们进行思考的方式也不同。就像刮大风这种自然现象，某些人只看到大风所带来的危害；但是有些人就可以想到用风力发电，既省力又清洁。有些人看到苍蝇的危害，恨不得将苍蝇赶尽杀绝；但是有些人就看见了苍蝇身上的优点，根据苍蝇的构造研究出小型气体分析仪。人与人看待事物的眼光不同，就会产生不同的想法，进而会有不同的做法。遇到问题的时候，多思考一步，也许就会从山穷水尽走向柳暗花明。

犹太人在生活中也会运用这种变缺点为优点的思考方法来解决遇到的问题。一位裁缝在熨裙子的时候，不小心烫出了一个洞。如果就这样把裙子扔了，实在是很可惜，于是他就想办法多烫了几个这样的洞，裙子反而更好看了。他将这样的裙子推向市场，结果销路很好。于是，他从此就专门做起了这种裙子的生意。

当世界上的很多人抱怨钱难赚的时候，有些人已经数钱数到手抽筋了。当很多人抱怨人情冷暖的时候，有些人已经通过自己的努力，

享受着万千人的景仰。为什么人的智慧有如此大的差距呢?

拥有“世界第一商人”称号的犹太人，在漫长的经商历史中，积淀了无数的经商智慧，他们的眼光变得更加独到。在别人看来已是山穷水尽、满眼灰色的事物，在他们眼中却是柳暗花明的光明生机。

世界上的任何事情都是存在变数的，没有什么绝对的事情，只要你换种思维方式去思考问题、看待事物，你就会发现另一片天空。科学研究中也经常会出现某些小失误，一些科学家经常会将错就错地继续实验下去，很多时候，在他们坚持不懈的努力下，他们会研究出另外一种有很大价值的成果。很多科学家就是在这种机缘巧合下，获得了诺贝尔奖金的殊荣。比如诺贝尔奖的获得者日本科学家田中耕一，就是将错就错地研究出了对生物大分子的质谱分析法。

世间的很多事情就是如此奇妙，有些时候，对某些失误加以反向思考，就能收到点石成金的奇效。只要我们也拥有逆用缺点的意识，以后再遇到失误的时候，也可以将不利化为有利。

不被固有思维牵绊才能解决问题

大多数人都是按照顺向思维思考和解决问题，这种做法经常会让人们感觉自己的思路呆板，往往就在自己觉得快要到终点的时候，摆在面前的却是一堵厚厚的墙。有些问题如果从反面着手，往往就能在山穷水尽时柳暗花明。有些人经常被固有的思维给牵绊住，所有的智慧均因找不到合适的突破口就这样被困于脑中呼呼大睡。当事情因为原有的思维无法再进行下去的时候，人就应该换一种思维，从反面着眼，看看能不能找到解决问题的出口。

任何事物都是具有两面性的，有利就有弊，看到一方面就很容易忽视另一方面。犹太人做事最看重的是有利可图，他们对待事情习惯将两个方面都研究一下，他们会在最短的时间内找出真正对自己有利的方面。从反面着眼意味着创新，只是很少有人重视这种方法，人们一般都是直接在脑海中按自己旧有的思维方式将问题情境重现一遍，然后用原来自己认为最稳妥的最传统的方式将问题解决，所以他们往

往不会成为脱颖而出的那个人。

犹太人流传着这么一个故事，一个王子去远方向一位高人学习射箭，三年后他终于学成归来。在返回故里的时候，路过一个小村庄，他忽然发现了一堵有好多靶心的墙，每个靶心里都有箭射过的痕迹，王子看到后惊讶极了。别说现在他这个水平，就是他的师傅来了也未必会做到百发百中，他忽然想到师傅说的那句话：人外有人，天外有天。果不其然，没想到在这样一个偏僻的小山庄里就有这样一位世外高人。于是他就想见高人一面，就在这时他看见一个小孩子在旁边射箭，于是他就更激动了，没想到高人还是个小孩子，自己还不如小孩子的技艺高，真是汗颜啊！于是他就向小孩子请教如何做到百发百中、箭无虚发的？孩子很不屑地看了他一眼，于是就将手里的箭射了出去，然后只见他从地下捡起一些小砖块，围着箭画了一个靶心……一个百发百中的神话就这样顷刻之间诞生了！

人们看到这个笑话估计都会忍不住哈哈大笑，没想到还有这样射箭的。仔细思索一下整个故事，你就会发现孩子的思维是多么与众不同。王子还有几乎所有的成年人，在脑海中已经将射箭定义为用箭去射箭靶，这是因为他们自小时候见到的射箭情景就是这样，他们的意识已经被习惯束缚住了，而小孩子没有接受这种意识的“熏染”，他并不知道人们已经为射箭这项运动制定了各项规则，或许他也知道，只是他运用自己的逆向思维进行了思考，不就是将箭射到箭靶里面吗？自己这样做不是也射进去了吗？这就是孩子的逆向思维，而成人在成长的过程中他们已经有意无意地接受了各种各样的或是人为的或是约定俗称的各种规则，种种规则约束了人的想象力和创造力，他们甚至不会有逆向思维的意识，认为这样无异于浪费时间。许多成功的人士就是因为不害怕这样会浪费自己的时间，所以他们经常能进行一些逆向思维的思索，也正是因为逆向思维，他们会取得别人不能取得的成功。

犹太人经常会进行逆向思维的考虑，因为这样不会将自己的思维、眼界束缚到一个狭小的区域内。犹太人从商的历史已经很久了，他们在商场中摸打滚爬，经历了无数的考验和磨炼，如果没有逆向思维他们估计就不会像现在这样风光了。他们经常能在别人认为是一无

是处的地方找到挣钱的机会。

有一批从日本运往美国的布料，由于在运输的过程中连降大雨，布的颜色已经花了，好多白布甚至染成了花布。老板很伤心，这样的布料商家肯定不要了，怎么办呢？于是只好将布料堆在码头上，这时候一位犹太商人经过此地，他问明了原因后，就对老板说自己想要这批货，老板很高兴，心想与其这样堆积在码头，不如就贱卖给他得了，于是商人以极低的价格买进了这批布料。他认为这批布料虽然感觉像是已经毫无用处，但是或许也可以作为一种新的样式流行开来呢！于是他就雇了一些裁缝将这些布料做成衣服，卖了起来，没想到这种布料刚进入市场就引起了年轻人的喜爱，他们认为这是时尚的标志，于是形势一片大好，后来这种布大受欢迎，商人因此狠赚了一笔。这种衣服渐渐就演化成了现在的迷彩服。

顺向思考经常会牵绊住人的脚步，冻结人的思维，封存人的智慧。这就像将人围在一个茧里。往往在顺向思维解决不了问题，卡在瓶颈的时候，逆向思维才能显示出它的神勇。往往是在山穷水尽无去处的时候，逆向思维让你体会到柳暗花明的豁然开朗。

第8章

灵活变通，多维度的思维成就了犹太人

思想家：马克思　弗洛伊德

艺术家：毕加索　斯皮尔伯格

科学家：爱因斯坦　奥本海默

商业奇才：洛克菲勒　摩根　巴菲特　格林斯潘

政界要人：托洛茨基　基辛格　古里安　奥尔布赖特

墨守成规会让路越走越窄

钥匙经常会在要用的时候找不到，而常规的办法总会在解决问题的关键时刻失效。所以，犹太人解决问题时不会固守陈规陋习，他们有自己独到的见解，他们甚至不惜向权威挑战。这就是无畏的、聪明的犹太人的做法。

犹太人不喜欢墨守成规，他们总是有自己的想法，他们甚至能在遵守契约的情况下，将其进行变通。在他们看来，商场并不讲究道德不道德，而是讲究合不合法，只要合法，怎样变通都无所谓。所以，一些商人在和犹太商人打交道的时候，总会有脱层皮的感觉。

犹太商人很怪异，他们经常是遵守契约，却又将契约进行变通；他们喜欢冒险，却又比较理智；他们爱惜钱财，却又爱享受花钱的乐趣。懂得变通的人具有创新精神，犹太人就非常善于变通。

犹太人是不吃猪肉的，但是这并不表示他们不做与猪有关的生意。在美国，50%与猪肉有关的生意掌握在犹太人的手里。虽然他们对猪的感情与其他民族不一样，但这丝毫不影响他们做有关猪肉的生意，因为猪肉的生意非常好做，而且做有关猪肉的生意并没有违反法律。如果放着这么大的生意不做，到手的钱不赚，非要留给别人，实在是太愚蠢了。犹太人对酒也相当厌恶，因为他们觉得酒是魔鬼的使者。但是，还是有很多犹太人做着酒水的生意，他们觉得因为自己的个人感情而放弃到手的钱，实在是得不偿失。虽然他们不喜欢酒，但是做酒水生意是为了赚钱，二者不能相提并论。创办于1972年的施格兰酿酒公司，现在已经是世界上最大的酿酒公司，而它的主人就是犹太人。

随着贸易保护主义政策的实施，美国对进口的高级皮毛手套征收重税，一个犹太进口商准备把1万副手套运回国。可是如何才能既

将手套运出美国，同时又避免被征收重税呢？犹太商人进行了一番思索后，想到了一个绝妙的办法。他先将手套按左手、右手分类，然后将左手的手套运往海关。他对海关的检察人员说，这些手套并不是运出去卖的，而是有特殊的用途。检查人员只好按照普通货物的标准征税。海关人员明白，过一段时间，右手的手套也将被运来，打算到时候再对其进行重罚。果然时隔数日，右手手套也被运到港口，但是，到港的右手手套眼看着就要超过保管期限，却不见进口商来港口提货，海关人员认为，这是商人为了避免遭受重罚受到巨大损失而自愿将其放弃，于是他们就将这些手套进行拍卖。由于缺少竞争对手，一个小商人以低价将其收购，而这个小商人乃是进口商所派，于是不久，右手手套与左手手套团聚了。

犹太商人的精明由此可见一斑。犹太人为了赚钱，可以钻法律的漏洞。他们一直本着花小成本赚大钱的想法在商海中游弋，这一切皆源于赚钱的想法，因为只有钱是这个世界上他们可以一直占有的东西。在失去国家庇护的漫长岁月中，他们只能靠手中的钱为自己换来生命、生存的机会甚至荣耀，这就是他们一心想赚到钱的原因。

犹太商人善于变通，尤其是在和客户订立契约的时候，有时候为了挽留客户，他们甚至可以作出让步。犹太商人在作出让步之前，已经将一切考虑得清清楚楚，他们不会让自己吃亏，作出暂时的让步是为了以后赚取更多的财富。

犹太人的经商智慧的确值得世界上所有的商人学习，他们的经商经验几乎是世界上最丰富的，所以他们可以在商场上将所有的战术运用得得心应手。

适时变通，不要在一个路口堵死

世上本没有路，走的人多了，也就成了路。在漫长的人生道路上，人不可能一下子就选对自己要走的路，往往是经过几次实验后，才能真正找到适合自己的道路。如果旧路不通，那就不要再犹豫了，赶紧去开拓另外一条真正适合自己的路。一直在旧路上

耗时间，是一件非常不明智的事情。犹太人做事果断，如果他们觉得在旧路上行不通了，就会抓紧时间开辟一条新路。

在犹太民族中，有一个古老的传说。在一个城堡里住着一位美若天仙的公主，方圆数百里的未婚男青年，都对公主的容貌非常期待，他们希望某天可以一睹公主的芳容，甚至能够娶公主为妻。有一天，公主的父亲——国王发布了一个公告：所有的未婚男青年都有希望娶公主为妻，但是有一个条件，那就是求婚者要三次进入城堡，而且进去以后不许后退，否则就算放弃了比赛的资格。原来，国王是个地形迷，虽然他在城堡周围设了密密麻麻如蜘蛛网般的道路，但是实际上这些路是不通的，很多人都失败了。后来，有一位年轻人背着一袋粮食和铁锹、凿子来了。和其他求婚者不同，他在遇到死路的时候就用铁锹和凿子开辟另一条路。这样一来，总会有一条路是幸运之路。

结局怎样，故事中并没有说明，但是这位年轻人开辟道路的想法确实让人耳目一新。既然要开辟新路，那么就要放弃自己以前的所有想法和思路，这不是一件容易的事，因为放弃以前的想法就等于变相地否定自己。

每个人在人生的道路上，都不会一帆风顺。那些成功商人的成功路上肯定也充满了各种艰辛，有些时候甚至会倾家荡产。但是，他们经受住了一次次的考验，这些经历是他们人生中的宝贵财富。正是因为有了这些经验，他们才知道自己真正适合走什么路。他们会为自己开辟一条新路，而不是在旧路上打转。犹太人开公司，也都是按计划进行的，当期限到了，而目标达不到的时候，他们就会放弃这一项不适合自己的事业。

开辟一条新路需要的是创新的勇气和意识，没有创新就只能永远拾人牙慧，走不出自己的路子。不仅是个人，企业也需要为自己找寻一条新路，如果实在不知道路在何方，就用铁锹和凿子为我们开路。如果旧路走不通，那就干脆将其抛弃，与其死撑，不如放心大胆地开辟新路来试试。

犹太人在经商的过程中，也不是一上来就可以赚大钱的。你可能看到他们现在富甲一方，但是他们成功之前走过的路你可能一无所知。有些成功人士曾在媒体上披露自己在从事这个行业之前，什么

活都干过。这种大胆创新、大刀阔斧地开辟新路的精神值得每个人学习。

换种思路就会柳暗花明

犹太人中流传着一个小笑话。纳粹主义横行的时候，一天，一队盖世太保来到柏林的郊区，他们抓走了一个犹太家庭的丈夫，只剩下非犹太血统的妻子。妻子通过各种关系和丈夫取得了联系，并写信告诉狱中的丈夫，由于家里缺人手，今年可能要错过耕种马铃薯的时节。丈夫在狱中想到一个绝妙的办法，于是回信给妻子："不要耕地了，我已经在地里埋了大量的炸弹和炸药。"没过几天，一些盖世太保就开着车来到了他家的地里，他们整整翻了一个星期也没有找到信中说的炸药和炸弹。妻子将这件事写信告诉了丈夫，丈夫回信说："那就种马铃薯吧！"

犹太人的聪明是众所周知的，但是谁也不知道他们到底聪明在何处。这个小故事中，我们会发现犹太人就是有本事能将一条条死路，经过思考后走成活路，这不是一般人可以做到的，但是犹太人做到了。有时候，人们在做一件事情的时候经常会因为方法不当而走入死胡同，这时候，转换一下思路，就能让死路变成活路，有的人不知道如何转变，只是一味地按照原来的思路走，这样就容易让自己的路越走越窄，甚至出现无路可走的情况。转换思路不是一件简单的事，需要广博的知识、持久的毅力以及专心致志的精神。

有一个国王发布了一个奇特的命令，要求每个即将被处死的犯人，说一句话，而且必须能马上验明真假。如果是真话，犯人就被绞死；如果是假话，犯人就被砍头。国王觉得自己想出这个主意实在是聪明之极。正好有4名犯人要被处死，于是当着众位大臣的面，他让每位犯人说一句话。第一个犯人说道："我爱你，国王。"国王随即说道："爱我，就不应该犯罪，假话！拉出去砍头！"第二个人见到国王后，说道："我有罪啊，我该死！"国王说道："你确实有罪，也确实该死，说的是真话，拉出去绞死！"第三个人看见前两个人都

死了，于是说道："太阳距离我们有70万公里零9米。"国王说道："这个问题没法证明，视为假话，拉出去砍头！"轮到第四个人了。第四个人是个犹太人，他说道："我将被砍头！"国王想如果他说的是实话，那他就该被绞死；如果是假话，就该被砍头，可是这样他就说对了，应该被绞死……国王的脑子被绕晕了，他不知道到底该判犹太人绞刑还是砍头，于是国王下令，犹太人被无罪赦免。不久，国王的这项自认为很聪明的法令就终止了。

犹太人就是这样经常将死路走成活路的。他们在面对事情的时候机智勇敢、沉着冷静，这就是他们能够机智勇敢地面对一切困难的原因。也许不是所有的人都像犹太人一样机智，犹太人在商场上身经百战，他们经受了无数磨难，练就了一身功夫，所以他们才能在关键的时候，不让自己走入山穷水尽的将死之路，而是慢慢地将死路走成活路。

有很多人在做事情的时候，坚信自己的主意是正确的，执著地一路走下去，这种坚持不懈的精神本是值得赞许的。但是，如果在事情毫无好转迹象的情况下。一味地执著，那就是固执了，这样坚持下去，路只会越来越难走。所以，这个时候就需要换一种思路，看看有没有其他路可以达到目标。及时转换思路，人就不会错失很多到手的机会，就不会一味地悔恨。犹太民族就是这样一个民族，他们对事情拿得起，放得下。有很多人对自己付出的东西耿耿于怀，总是期望自己的付出能带来期待的结果，殊不知这样只会失去更多的东西。

聪明的商人能在每个小细节中发现不利于自己的因素，及时地发现会使路走死的微小迹象。只有具有这种缜密的心理，在第一时间发现有死路的隐患，及时转换思路，将死路走成活路，才不会得到一个满盘皆输的结果。

别去撞南墙，学会灵活调转方向

成功的机会无处不在，只是有些人不善于发现而已。有些人做事不懂得变通，只是一味地按照原来的思路走，直到撞了南墙才知道回头，有些人甚至在撞了南墙后依然不知道将思路转个

弯。成功的机会是不会青睐于这种人的，只有能及时将思路转个弯的人才会有更多的机会成功。这不仅适用于工作上，同样适用于生活，有些事情用平常的方法可能很难解决，但是只要将思路转个弯，前方的路就会豁然开朗，生机勃勃。

有一天，两个妇女来见所罗门王。其中一个先说道："陛下啊，这女人跟我住同一间屋子，在我生孩子的时候，她就在那里住。我生完孩子刚两天，她也生下一个孩子。屋子里只有我们两个人和刚生下的孩子。有一天晚上，她睡觉的时候，不小心将自己的孩子压死了，于是就趁我熟睡的时候将我的孩子偷走了，然后把她死了的孩子放在我的床上。第二天我要给孩子喂奶的时候才发现孩子死了，可是这个孩子不是我的，她抱的孩子才是我的孩子。"另一个妇女也说道："死了的孩子才是她的，活着的孩子是我的。"两个人就这样你一言我一语地争辩个没完没了。所罗门王让她们安静下来，他要仔细地想一个合适的解决办法。他想，按照以往问讯的办法肯定不能解决问题，因为没有证人，两人各执一词，很难判断谁在说谎。他眉头一皱，计上心来。于是他大声说道："既然你们都说活着的孩子是自己的，那就用刀将这个孩子一分为二，你们一人一半，这样就不用争了。"第一个女人听了之后非常伤心，说道："求求你，不要将孩子一分为二，我不和她争了，把孩子交给她好了。"第二个女人却说："不要把孩子给我，也不要给她，把他一分为二好了。"所罗门王这时下令，将孩子交给第一个女人，因为她才是孩子真正的母亲。

在这件事情的处理过程中，所罗门王没有按照以往的办法来审理这件事，而是将思路转了个弯。他利用母爱的伟大，试探出了母亲对孩子深深的爱。天下所有的母亲都不希望自己的孩子受到伤害，她们会想尽办法保证自己孩子的生命安全，哪怕是将孩子送给别人。只要有利于孩子的成长，母亲不惜作出任何牺牲。有些时候，人要转换一下思路，将原来的思路打破，从另一个角度看问题，这样一来，就会发现另外一种省时省力的解决办法。

如果经常将思路转个弯，你就不会经常将自己囿于一种思路。善于转换思路的人眼界开阔，他们能够将自己的思路凌驾于问题之上，具有创新的思维，能在问题解决的过程中找出最省时省力的解决办

法。只有这种具有创新意识的人才能不断转换自己的思路，将问题在最短的时间内解决。

很多人之所以不能让思路转弯，是因为他们经常被习惯的思维绊住手脚，不敢打破常规，不敢反对权威，无法摆脱以往的知识经验，不会换一种方法来看待问题，只是一味地将自己禁锢于原有的思维中，这样只会让自己的路越走越窄。让思路转个弯，你就会有柳暗花明的感慨，你就能发现前方的路更加光明。只有不断充盈自己的知识，多经受一些磨炼，在原有经验的基础上学会不断变通，打开思路，才能使以后的人生道路越来越宽。

犹太人在商场上有丰富的经验，他们能根据实际的情况作出最佳的选择，不会被固有的思维绊住。犹太人经商的目的就是赚钱，只要有利润，他们不会顾及用什么办法。犹太人经常打破常规，山路不行走水路，水路不行就走一条创新之路。只有敢于打破常规的人，才能不断地让思路转弯，没准儿转角就会遇到你期待已久的结果。

化繁为简，不被问题难倒

有这样一个小故事。一群人听说某座山里有金矿，于是他们纷纷赶往那里去挖金子。但是，当他们到达那里的时候，才发现原来进那座山不是那么容易，因为大山前面是一条很宽很长的河流。大家被困在了那里，谁也不知道下一步该做什么，于是他们就这样苦苦思索着。有个犹太人也在其中，这时他想，过不了河，就挖不了金矿，难道就没有其他赚钱的办法了吗？于是他四处看了一圈，想到了一个现成的赚钱办法。接下来，他就砍竹子做木筏，等木筏做好之后，他就用木筏载着人们向对岸驶去，当然了，这不是免费的。就这样，不断有人进到山里，也不断有人从里面出来，他就这样依靠撑船摆渡赚了一笔。

这就是犹太人的精明之处，他们不断转换思路，将不可能解决的问题变成可能。这是因为他们有开阔的视野，能触类旁通，不被问题所吓住。他们有过人的胆识和智慧，不怕生意失败，不怕自己输得倾

家荡产，为了赚钱可以将自己所有的智慧全都调动起来，这就是犹太人经商的精明之处。

问题转换就是将复杂的问题转换为简单的问题，将不熟悉的问题转换成自己熟悉的问题。转换问题后，你就会发现问题迎刃而解了。

在一条食品街上有两家早点店。其中一家店的生意特别好，每个月的营业额都比另外一家店的营业额多，而且月月如此，这实在是一个让人困扰的问题。一个商人知道这件事之后，觉得很奇怪，于是就决定解开这个谜团。他先去那家营业额少的店里吃了早点，他刚坐下，老板就问他三明治里边要不要加鸡蛋，他说不要。吃完早点后，他又去对面的店里点了一份早餐，这家店是一个犹太人开的。刚坐下，老板就问他，三明治里加几个鸡蛋，一个还是两个？于是他恍然大悟，答案原来就在两家店的店主向客人提出的问题不一样，虽然第二家店的客人也有不要鸡蛋的，但是很少，因为人们在提供选择答案的情况下，经常将选项之一作为自己的答案。这就是第二家店的鸡蛋能够更多地卖出去，营业额比第一家高的原因。

转换问题思考角度，就会让自己的思路更开阔，同时也有利于想出更有效的方法。聪明人经常将复杂的问题转换成简单的问题，而愚蠢的人往往会将简单的问题转换成复杂的问题。只有将生疏的问题转换成自己熟悉的问题，才能将自己的才能发挥到极致，将问题处理好。

转换问题是指在一个人原有思维模式的基础上进行思维变通，它往往需要人有创造力和打破陈规陋习的勇气。只有具有创造力，才能将问题的实质提取出来，才能不断发现新问题和以往遇到的问题的差异性。遇到问题时不要盲目地解决，这样做等于蛮干，只有将问题考虑清楚的人才能将问题更快更好地解决。就像例子中的犹太人一样，他知道自己如果像第一家那样卖鸡蛋，肯定卖不了几个。他抓住了消费者的心理，给顾客出选择题，从而赚到了钱。

现在的市场竞争尤为激烈，要想在市场上站稳脚跟，就得有一些出奇制胜的窍门，这就需要从商者能在自己的从商经历中找到最适合解决问题的办法。不要老将自己的思维束缚在一个问题上，遇到棘手的问题要仔细想想，将它转换成自己熟悉的问题，这样不仅可以提高

效率，还能将问题处理到点子上，避免时间、精力、金钱等方面不必要的浪费。

理智判断，及时放弃盲目的执著

《成功学》说：“没有做不到的事，只有不会变通的人。”世界上没有什么事情是人尽了全力依然得不到解决的，只要会变通，人就能不被事情所左右。犹太人为什么这么会赚钱，为什么他们就能掌控世界的经济大权？就是因为他们会变通，他们能在变中不断前进，在变中引领世界经济潮流。

社会上不乏一味蛮干的人，但是很少有通过蛮干出名的人，一味地苦干蛮干，其实是一种变相的固执，盲目的执著，这是不理智的。只有善于变通的人，才能在当今不断变化的经济大潮中保持理智的分析和明智的判断。

犹太人在金融行业一直是业界的翘楚，这与他们多年经商，有着丰富的经商经验密切相关。犹太商人懂得当今社会只有不断变通才能在世界上站稳脚跟。一味盲目的蛮干结果并不能创造多少财富，现代社会需要的不是一味的蛮干，仅会跟在时代后面走的人，而是能够变通的人，这种人会一直走在时代的前列，他们能够把握时代的脉搏，能够根据一点细微的变化嗅出未来变化的方向。当今世界叱咤风云的成功人士，无不精通变通之术，他们能在变化之前就已做好所有的准备来迎接即将到来的世界之变。

犹太人一般是不会循规蹈矩的，他们对任何事物都有自己的见解和看法，他们为了追求最大的利益，可以在遵守契约制度的前提下，做一些小变通，这些小变通有人会认为是投机倒把，其实犹太人根本就不会在乎这些，因为在他们眼中，钱是最重要的，只要赚钱不会逾越法律的范围，其他的根本就不重要，商场上是不会讲究道德不道德的，只有赚到钱才是真正的硬道理。

成功与失败的距离有时候就是一个变通的事，会变通的人就能成功，不会变通的人就只能失败。一味地墨守成规、因循守旧，只知

道低头蛮干，完全不顾市场变化的人最终的下场只有一个：被市场淘汰。犹太民族的经商智慧传承了几千年，他们一直将这种智慧传承下来，在实践的基础上将其进行升华，犹太人有世界第一商人的美誉，这与他们的变通不无关系。

灵巧迂回，让难题迎刃而解

《塔木德》中有这样一则故事：所罗门时期，在一个安息日，三个犹太人来到耶路撒冷。由于他们身上带的钱过多，于是就商议将钱埋到一个地方，等他们回来的时候再将钱取走，等他们埋完钱走了以后，其中一个犹太人回来直接将钱全部取走了。等他们回来的时候看见钱被取走，但是不知道究竟是谁拿的，于是他们三个就一起来到所罗门的面前，请他找出那个偷钱的人。所罗门说道："你们三个这样各执一词，我呢，也不好断定，这样吧，我这里也有个难题，你们先帮我解决后，我再给你们解决。"问题是这样的：有个姑娘和一男人订立了婚约，但是后来女孩爱上了另外一个男人，于是女孩就要和那个男人解除婚约，并答应付给他一定的赔偿金。但是男人无意于那笔赔偿金，于是就痛快地答应了她的要求。由于姑娘很富裕，她又被一个老头拐骗了，后来姑娘对老头说："我以前的未婚夫在和我解除婚约的时候，并没有要我的赔偿金。你也应该这样对我。"于是老头也答应了她的要求。现在的问题是谁的行为最值得赞扬？第一个犹太商人说，男青年的行为最可嘉，因为他不强人所难。第二个犹太人说。姑娘的行为可嘉，因为她为了追寻爱情，可以向自己的未婚夫解除婚约，实在是太勇敢了。第三个犹太人说，这也太奇怪了，老头明明是为了骗姑娘的钱才和她在一起的，现在为什么一点钱都不要就走了呢？所罗门这时大声说道："你就是偷钱的人。因为他们两个关心的是爱情和勇敢，而你看中的是钱，你肯定是小偷。"

从现在的审判案件的流程来看，所罗门的判断确实是挺武断的，但是细想一下他说的话，就会发现他说的其实是挺有道理的，因为前

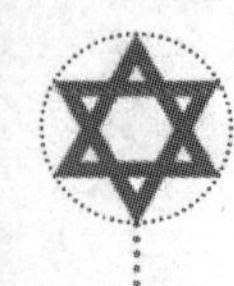

两个犹太人心里很坦然，所以他们不会将视线集中到钱上，而第三个人最为在乎的就是钱，所以他对爱情不感兴趣，始终随追着钱的思路走，所以他才会直言不讳地问钱的事情。

有些时候事情直接解决起来的确是有难度，这时候就不要直接用速战速决的解决攻略，因为越是抱有这样的期望，到时候的失望就会越大，这时候最重要的是看看是不是可以采用迂回的策略进行解决。迂回变通不是不够勇敢的表现，恰恰显示出了大丈夫能屈能伸的气度，刚强有时候不见得就是一种值得表扬的精神，太过刚强反而会让人觉得这是不够圆润，是不懂得如何与人交际的表现。

我们熟悉的罗斯柴尔德家族就是一个典型的例子，迈耶·罗斯柴尔德为了实现自己的金钱梦，他在比海姆公爵手下做事，工作了近20年的时间，但是他一直在努力地向着自己的目标奋斗。借着比海姆公爵的威望，他在当时反犹的处境下依然可以赚得很多的利润 。在第二次世界大战的时候，因着比海姆公爵的声望，迈耶狠赚了一笔，为罗斯柴尔德家族打下了坚实的根基。罗斯柴尔德家族在19世纪的100多年中积累了4亿英镑的巨额财富。迈耶就是通过这种迂回变通的策略为自己的家族打下了坚实的基础的，最终他们家族成了金融帝国中为数不多的几个家族之一。

迂回变通，说白了就是自己的目标不能马上实现，自己必须学会转弯，在有墙的地方避着走，在有水的地方绕着走，不要直愣愣地就这样一头撞上去或者是一头栽下去。所以人在不能直接将目标实现的时候就应该学着变通一下，目标是不变的，但是路是可以变的，只有这样才能最终实现自己的目标。

从上面的例子中我们也可以看出，犹太人就是善于迂回变通的人，他们能够根据实际情况做出适时的变通。会变通在商场上显得尤其重要，因为很多时候事情并不就是你想的那样顺利，经常得用迂回的策略才能解决。迂回并不等同圆滑，会迂回变通的人是有智慧的人，他们适当的迂回会起到锦上添花的作用。善于迂回变通的商人是最会赚钱的商人。

常变常新，令对手无所适从

当今社会飞速发展，信息爆炸是这个时代的主要特征。社会的各个行业都在变，“变”已经成为这个时代的主潮流。企业如果没有变化，就不会有生命力，随时都会面临破产；人如果没有变化，就有可能跟不上时代的潮流，不仅工作可能做不好，还有可能连家庭关系都处理不好。

犹太人习惯以善变应万变，这样一来，自然不会处于被动的地位。“变”是一个社会前进的动力，是一个民族自强不息的证明。犹太民族一直处于世界的风口浪尖，他们一直将“变”作为生意场上不变的真理。“变”是创新，只有不断地创新，企业才能在当今的竞争大潮中不断前进。现在社会的更新速度特别快，就像比尔·盖茨说的：“微软离破产只有18个月。”这不是夸张，而是实际的情况。IT业的更新速度渐渐加快，今天还在流行的东西，明天有可能因为一个新款的出现，就被迫降价。小到一个公司，大到一个国家，“变”是前进中的主旋律，只有变才能在社会中占有一席之地，也只有变才能一直活跃在舞台上。

犹太人杜伐夫是知名的商人。杜伐夫大学毕业后，在一家电机公司做管理员，他具有强烈的创新意识，终于一步步从管理员做到了经理，又从经理做到总经理，他手里的资金超过了1万美元。在他做管理员的时候，骑自行车是热潮，杜伐夫也有一辆，他经常骑着自行车上下班。如果骑车，下雨天就会成为难题，不仅费力费时，弄不好还会溅一身泥。有一天，他想到如果自行车上面有一个小马达该多好啊！于是，他试着把公司里面一个废弃的小马达装到了自行车上，没想到效果还挺好。他将这个发明告诉了总经理，总经理也是个有眼光的人，立刻觉得这是一个很好的商机，于是便安排专人设计可以装在自行车上的小马达。不到两个月的时间，马达已经设计出来了，不久，这种装在自行车上的小马达上市了，并且很畅销，为公司赚得了上百万元，杜伐夫也因此被提升为部门经理。5年之后，全国制造小

马达的公司有23家之多，小马达市场出现了危机。总经理认为是时候进行转变了，于是要求杜伐夫转换项目，另外开辟一个市场。但是杜伐夫的想法与总经理不同，他认为小马达自行车的市场并没有消失，只是需要转变一下，将生产小马达自行车转变为生产小马达摩托车，于是他又不断进行研究，将自行车改为了摩托车，不久后这种小型摩托车研制成功。他扩大了生产厂房，增加了每年的生产份额，所有的人对他的这一举动都表示怀疑，但是杜伐夫有自己的看法。果然，这种产品一上市，就受到人们的普遍欢迎。5年后，创收了上千万美元，公司一步登天地跻身于以色列大企业之林，杜伐夫因此被提拔为总经理。后来，小型摩托车的型号逐渐多了起来，但它们今日依然在某些国家很畅销。

杜伐夫和他所在公司的成长经历都在向我们讲述：企业要发展，就必须求变，只有变才是成功的基石，没有变就不会有创新，变是企业的生命力，市场的竞争如此激烈，你不变，别人也会变。只有不断开创自己前进之路的人才能始终走在时代的前列，始终居后拾人牙慧的人是不会有大发展的，同时也经不起风雨。

要想在社会上不断地做大做强，“变”是硬道理，只有始终有居安思危的意识，才能在成功的时候，保持清醒的头脑。只要我们细心翻看出名的犹太人的发家史，就会发现，他们都不是墨守成规的老古董，他们经常会改进自己的产品，或者进军不同的行业领域，他们就是凭借这种“变”的精神，才在商场上一直处于领先地位的。

第 9 章

教育精髓，卓越的教育是犹太人成功的精髓

思想家：马克思　弗洛伊德

艺术家：毕加索　斯皮尔伯格

科学家：爱因斯坦　奥本海默

商业奇才：洛克菲勒　摩根　巴菲特　格林斯潘

政界要人：托洛茨基　基辛格　古里安　奥尔布赖特

赏识教育，多给予孩子支持与认可

孩子小时候受到的教育会影响其一生。犹太父母在孩子很小的时候，就非常注意培养孩子的自信心，他们培养孩子自信心的方法就是发现孩子身上的闪光点。

父母对孩子是最了解的，孩子的优点和缺点父母都了如指掌。犹太父母会尽量发现孩子身上的闪光点，不断地激励孩子让他们变得更自信。他们会主动发掘孩子身上的闪光点，并细心地记下来，然后将记下这些闪光点的纸贴在家人能看见的位置。孩子会惊讶地发现原来自己的身上有这么多闪光点，他们无形之中就会变得更加自信，同时也会在今后不断地表现出更多的优点。

犹太父母在孩子遇到困难或挑战的时候，会帮助孩子回忆以前的光荣史，这样孩子就不会畏惧不前了。犹太父母经常会很大声地说出孩子身上的优点，这样孩子就会知道父母是以他们为荣的。

犹太人小汤姆才4岁，他非常喜欢画画，父母也非常支持他画画，经常会和他一起观察身边的事物。学校放假的时候，布置的作业是完成一幅画，要孩子仔细观察生活中自己喜欢的事物，然后将其画下来。汤姆的母亲就和他一起观察他喜欢的动物——小狗。母亲让汤姆自己说出小狗有什么特点。“小狗的毛很长。”“小狗的眼睛非常圆。”“小狗的舌头很长，它经常会将舌头伸出来。”“小狗的脚上有小肉垫，它走起来是没有声音的。”“小狗睡觉的时候喜欢躺着睡。”母亲听到这些话，感到非常惊讶，因为孩子竟然会发现这么多特点。她发现汤姆为了观察小狗的特点，竟然和小狗一起睡觉。这时候，母亲就将汤姆“细心有爱心”的话语写到了他的成长记录中，并且将这一优点大声地告诉汤姆，汤姆听了以后非常高兴。在以后的生活中，他变得更加细心，同时更加喜欢和小动物在一起。上学以后，

汤姆对小动物的喜爱已经到了如痴如醉的地步，他甚至在心中下定决心，以后专门研究动物的心理学和行为学。小汤姆的选择和母亲的鼓励有很大的关系。正是因为母亲的鼓励和表扬，他才变得更加喜爱动物，更加热衷于研究动物。

犹太父母鼓励孩子做自己喜欢的事情，对孩子的要求也不高，孩子取得一点儿小进步，他们就会将其看在眼里，并且鼓励孩子继续将这一优点发扬下去，孩子也乐意听取父母的建议，这样的家庭关系才是和睦的。在这样的环境下成长起来的孩子身心才会健康。

父母是孩子的启蒙老师，会影响孩子的一生。为人父母者应该学习犹太父母的做法，用积极的语言评价孩子的一切行为。一个充满爱意的眼神，一句表扬的话语，一个鼓励的动作，都很有可能促成孩子以后的成功。

尊重孩子，平等地与孩子相处

懂得尊重，是要从小学起的，只有尊重别人的人，才能得到别人的尊重。犹太父母在孩子很小的时候就注意培养孩子尊重别人的习惯，让他们知道，只有尊重别人的人，才会赢得别人的尊重，也才能因此迎来成功的机会。

安迪是一个只有3岁的小孩子，由于家里就他一个孩子，所以他的父母都非常疼爱他。安迪觉得父母对他言听计从是应该的，因为父母就他一个孩子，所以就应该非常乐意地为他服务。父亲发现孩子有这样的心理后，变得非常的担忧，他觉得孩子一切都还好，就是不会尊重别人，对待父母现在就这样，那以后的结果真的很是令人担忧，于是他就想用种方法，将这个问题解决。有一次，安迪要喝牛奶，他对着正在做家务的母亲喊道：“给我拿瓶牛奶。”母亲刚想去做，安迪的父亲将她拦住了，他向她使了个眼色，他觉得这就是解决问题的突破口。母亲于是又重新去做她正在做的家务。安迪见母亲迟迟不来，就冲着父亲的方向喊道：“我要喝牛奶。”父亲也不吱声。安迪感觉很不解，就过来问父亲：“为什么你们都不给我拿牛奶？”“孩

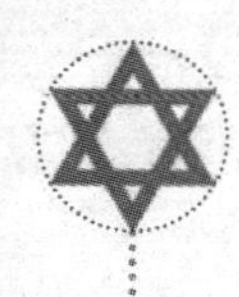

子，你已经快上幼儿园了，这说明你已经是个大人了。既然是大人，那就应该用大人的办法解决大人的问题。你让我们帮你拿牛奶，那为什么不知道称呼我们呢，这样我们怎么会知道你是在请谁帮忙？请人帮忙是一件麻烦别人的事情，尤其是别人在做着其他事情的时候，更是如此。所以你请人帮忙就不应该这样理直气壮，你应该知道如果你的态度不诚恳，别人是不会帮你的。”安迪若有所思的想了想，然后觉得父亲说的有道理。“那我应该怎么说，才是正确的呢？”安迪问道。“应该像这样，妈妈，帮我拿瓶牛奶可以吗？”父亲说道。安迪于是就对父亲说道：“爸爸，帮我拿瓶牛奶可以吗？”父亲很高兴地帮助了他。安迪在父亲的教育下，终于学会了什么才是真正的尊重人。

孩子是需要从小培养的，孩子的年龄小，这样他们接受的教育就会很容易影响他们。现代社会独生子女越来越多，父母如果不注意培养孩子的道德品行，那么孩子在长大以后就依然不会尊重别人，而且随着年龄的增长会形成习惯，很难再改。这个时候所有的一切已经定型了，就算是想有所改变也是不可能的了。

犹太人的父母就非常重视孩子在这方面的教育，这毕竟是影响孩子一生的美德。只有尊重别人的人，才会在某些方面变得更有机会。在伙伴朋友的相处中，会变得更有人缘；在学习上，更容易得到同学和老师的帮助；在工作中，更容易得到老板的器重；在事业上，更容易得到同事的帮助和支持，这样的人才会在事业上更容易取得成功。

身为父母的人，都应该注意培养孩子在这方面的教育，不要以为孩子还小，这些教育不适合孩子的成长，大量的事实证明，这一想法是错误的。如果在孩子很小的时候就忽视了这方面的教育，那么以后进行弥补的代价，就会变得更多。一个不会尊重别人的人永远不会得到别人的尊重。尊重别人表现在生活中就是，对别人一定要有适当的称谓，这是尊重别人的最起码的常识。请别人帮忙的时候，不要用“理所应当”的语气，要知道这是一件麻烦别人的事情，不是别人麻烦你。所以语气一定要好，不然别人是不会帮助你的。对待别人的时候 定要客气、和气。如果别人有求于你，你就应该想想自己是否能做到，如果可以做到，那就尽全力地帮助别人，如果的确超出了自己

的能力范围，那就应该坦言相告，如实地说出自己的难处，这样别人也不会怪罪你的。

犹太父母的这种教育方式值得每个父母学习，只有从小就关注孩子在道德方面的教育，孩子长大以后才会成为一个对社会有用的人，只有这样，孩子才能不断地走向成功。

放手让孩子自己去闯荡

孩子终究是会离开父母走向社会的，不可能在父母双翼的保护下生活一生。犹太父母经常说的一句话就是鼓励孩子走出家门，让孩子自己去接触社会，社交能力是在和别人的交往中实现的，没有交往，交往的能力又从何锻炼呢？

现在很多的父母都为孩子操劳过度，怕孩子这也做不好，那也做不好，事事都为他们代劳，这样就会让孩子失去锻炼的机会。让孩子在家里玩耍，怕孩子出去的时候，有这危险那危险的；把孩子禁锢在家的，这样的孩子在以后的生活中，经常会变得很不合群，和小伙伴在一起玩耍的时候，也不愿意和别人交往。犹太人的父母觉得人总是要与人打交道的，如果小时候不锻炼好社交的能力，在以后的生活中就会经常碰壁。为了锻炼孩子的社交能力，他们经常鼓励孩子走出家门自己去与人交往。

犹太人的父母经常对孩子讲这个小故事，鹰妈妈在锻炼小雄鹰的飞行能力时，经常是将小鹰带到一个很陡的悬崖峭壁上，然后将它们一个个地推向悬崖的边上，会飞的小鹰就成活了下来，不会飞的小鹰，就这样跌落悬崖。鹰妈妈为了让小鹰能够在以后飞得更高、更远，只好选用了这样一种残酷的方式。

孩子也是一样，如果在孩子很小的时候，就不太在意孩子的社交能力，那孩子就会很少练习他的说话能力，在与人的相处中，容易显得不合群，甚至是让人很难接受他。这样的孩子在进入学校以后，就会很难适应学校的生活，不容易结识意气相投的朋友，在与同龄人玩耍的时候，经常会变得很急躁，要么就会因为胆怯畏缩不前，要么就

会因为大家言辞的不对，发生激烈的争吵，甚至是打架，以致于最后被人孤立。

所以在孩子还小的时候，就应该不断培养孩子的社交能力，鼓励孩子走出家门，孩子就会主动和同龄人进行交往。孩子在遇到问题的时候，先让其自行解决，如果孩子实在解决不了，父母再对其进行帮助。这样一来，孩子就会形成主动解决问题的习惯。在解决问题的过程中他会向自己的小伙伴请求帮助，大家就会齐心协力一起将遇到的问题解决掉。

所以为了让孩子形成这一美德，父母就应该在家中不断地向孩子灌输这方面的知识。在孩子很小的时候，孩子的问题，如果能自行解决掉，就让他自己解决，家里的大事，孩子想知道的话，可以允许其发表自己的意见，不要以为孩子小，就将其推开。这个时候应该是锻炼孩子良好表达能力的时候，更不应该将其忽略。在给孩子讲故事的时候，应该顺便讲一些如何与人分享、团结就是力量、如何增强自己的社交能力等方面的内容，不断地灌输给孩子。让他们从小就明白，人活一世，重要的就是与人交往。

犹太父母经常为孩子打通和别人交往的门。让孩子去找自己的小伙伴玩，邀请自己的小伙伴到家里来做客；外出做客时，经常带着孩子，让孩子仔细留心大人之间的礼节。家中有客人时，将孩子主动介绍给大家，并让孩子招待客人。家里需要什么东西的时候，可以让孩子代劳，比如需要买个什么东西，或者是像某人带句话等之类的事情，都可以让孩子代劳，这样在无形之中就增长了孩子的社交能力。

随着孩子的成长，孩子与人交往的能力肯定是会提高的。这时候父母应该细心地留意孩子这时候的进步表现，并且将这些表现告诉孩子，让他也知道自己的进步有多大。课堂上的一次勇敢地发言，热情的邀请同学来家里做客，积极主动地帮助别人……这些成绩虽然微不足道，但是对于孩子而言，这就是一笔无形的财富，随时鼓励着孩子继续前进。

也许每个做父母的人，都应该学习一下犹太父母这样的教育方式，不要总是将孩子握在手里含在嘴里地护着，而是应该让他们接受历练，只有这样孩子才能身心健康地成长。

培养孩子的兴趣，教育就会更轻松

人们经常说：“兴趣是成功的第一任老师。”所有的成功都是从最初的兴趣开始的，兴趣是一切行为最初的出发点和原动力，是一切成功的最初条件。

犹太人非常重视幼儿的兴趣教育，正因为如此，在犹太民族中，才经常会涌现出无数的天才。爱因斯坦、玻尔、斯皮尔伯格的父母很早就认识到好奇心对孩子成才的巨大作用，所以他们才能培养出影响世界的天才儿童。

一切兴趣皆是由好奇心使然。如果在孩子很小的时候就注意激发孩子的好奇心，并鼓励他们不断地继续研究下去，就能使孩子走向成功。

小孩子对一切都感到非常好奇，他们认为一切都是非常有吸引力的，这时候，他们会想尽办法进行研究，但是自己的智力又达不到，所以他们的好奇心会让他们不断学习。随着年龄的增长，孩子的智力也不断增长，这时，孩子的好奇心就会逐渐地减弱甚至消失，以至于对一切都习以为常。明智的父母会鼓励孩子对自己感兴趣的东西进行研究，随着时光的流逝，孩子的兴趣就会不断地增长。

卡尔·维特是一个天才，他八九岁的时候就能自如运用德语、意大利语、拉丁语、英语和希腊语，通晓动物学、植物学、化学，并尤其擅长数学。小卡尔·维特之所以这样全能并不是因为他是一个只知道学习的“书呆子”，而是因为他在学习中感到了快乐。小卡尔·维特也像普通的孩子一样，也有自己的喜好和小性子，比如，他在刚开始学习数学的时候，非常讨厌背诵乘法口诀，但是后来他却非常擅长数学，这之间的转变正是源于他的父亲兼老师老卡尔·维特的教育法。老卡尔·维特非常注意培养孩子的兴趣，为了使小维特对数学感兴趣，他从一位学者那里得到经验，通过掷骰子、数豆子、商店买卖等游戏勾起孩子的学习兴趣。老卡尔·维特经常富有创造性地把静态的知识融入生活中，使知识立体，逐渐培养起小卡尔·维特对学习的兴趣。

要想让孩子长大以后有所作为，就应该注意培养孩子的兴趣，兴

趣是一切行动的原动力和起始点。孩子首先会对某些事情感到好奇，然后才会产生兴趣。每个人都有好奇心，孩子的知识有限，他们对很多事情都不了解，因为好奇，所以才希望探索，一旦失去了好奇心，就会失去探索的动力，甚至会止步不前。

孩子经常会向家长提出各种各样的问题。这时，家长应该努力激发孩子的兴趣，不要急于将自己知道的知识告诉孩子，应该让孩子自己找出答案。如果随着知识的增加，孩子失去了当初的好奇心和兴趣，就应该不断想办法让孩子不要仅仅满足于已经学会的知识，要向更深的知识领域进军。

犹太父母在孩子刚开始学习的时候，就不断向孩子灌输学习是一件甜蜜而快乐的事情，这样孩子从小就会对学习产生一种兴趣。孩子如果在学习上不断取得成功，就会产生更浓厚的兴趣，会无意识地激励自己不断地学习。

要想使孩子在某一领域有所建树，重要的是不断地培养孩子的兴趣。兴趣是成功的第一任老师，也是成功的起点。

承担家务能加速孩子的健康成长

犹太父母经常会让孩子从小就做一些家务活，他们认为通过让孩子做家务可以对孩子进行一些教育，这样的教育会影响孩子的一生。孩子在做家务的过程中，不仅可以掌握一些简单的生活技能，养成良好的生活习惯，还会产生责任心和义务感。

让孩子做家务重要的不是干了多少活，而是参与的过程。家长应该根据孩子的身体情况和心理分配家务。比如，孩子三四岁的时候吩咐他们做一些简单的事情，帮爸爸取报纸、给妈妈递拖鞋、将废纸扔进废纸篓里等。此外，让孩子在模仿大人行为的同时，仔细观察大人的劳动成果也很重要，比如，妈妈擦干净的地板，爸爸修剪好的花草等，这些都会激起孩子做家务的欲望。孩子四五岁的时候，就可以分给他们一些简单的家务了，如打扫房间的时候让孩子擦桌椅板凳，吃饭前让孩子摆上碗筷等。这时一定要注意安全，在劳动强度还有劳动

时间上不要过量。这样孩子就不会厌烦劳动，甚至会喜欢做家务。

犹太父母经常会在做家务的过程中教给孩子一些技巧，比如，在洗衣服的时候，他们会告诉孩子，应该将袖子挽起来，这样就不会将衣服弄湿了。现在的孩子学业压力很大，有些家长经常觉得自己做比孩子做快得多，他们甚至为了让孩子有更多的时间学习，将一切家务全部揽了下来，这样做会让孩子从心里觉得自己做家务根本就是多余的，有父母做，根本就用不着自己。久而久之，他们就会厌烦做家务，甚至觉得做家务根本就不是自己的事情。让孩子适当地做一些家务，既可以让他们在紧张的学习之余休息一下，又能让孩子知道自己是家庭中的一员，做家务也是自己的义务。这样，在以后的生活和工作中，孩子就会变得更加有责任感，更加勤奋。

丽莎生活在一个小型农场，这个农场是家族制企业，丽莎和丈夫有四个孩子，一家人每周都会举行家庭会议，决定农场工作的具体分配事宜，包括饲养动物、监督挤奶以及记账等工作。农场赚到钱后，家人就会对利润进行分配，连最小的孩子也能得到自己的一份利润。孩子可以自由支配自己赚到的钱，满足自己的日常开销。比如，小一点儿的孩子可以为自己买棒棒糖、头饰等，大一点儿的孩子可以为自己买衣服、交电话费等。父母负担所有的生活必需品和家庭的必要开销，例如，带孩子看病、购买一日三餐的食品等。孩子们分得的利润随着农场的利润情况变化，如果农场的利润减少，孩子们分得的利润也会相应减少。在这样的教育方式下，每个孩子都有很强的责任感，如果工作做得不好使农场的利润减少，自己分得的利润也会减少。

有些父母不让孩子做家务是因为他们担心孩子做不好，但是做父母的应该知道，人不是生而知之，而是学而知之的。所以不要太过注意孩子做家务的结果。

在平常的家务中，不要将孩子与家务隔开，事实证明，在家务活中适当地教育孩子，也会收到很好的效果。

用“严父”的面孔影响孩子

人们形容父亲的时候用得最多的一个词就是“严父”，因为父亲通常不像母亲那样温柔，而且父亲在我们小时候也不会像母亲一样宠着我们。一直以来，父亲都不善于表达对孩子的爱。在犹太民族，情况也是如此，犹太人认为，做父亲，就做不抱孩子的睿智父亲。

一天，一个在以色列留学的中国留学生和朋友在一个小公园里散步，途中，她们看见一个四五岁的小女孩正坐在路上号啕大哭，站在一旁的大人不知道在说着什么，但是却不去制止孩子哭泣，也不去安慰孩子。这个留学生觉得很奇怪，站在孩子旁边的那个人很明显是孩子的父亲，但是这个父亲为什么不去抱自己的孩子呢？这位做父亲的未免也太狠心了吧！她很不理解这位犹太父亲的做法，于是就问身边的犹太同学这位父亲在说什么。同学告诉她，这位父亲告诉孩子：你越是这样哭哭啼啼，我就越不抱你，你已经是大人了，应该坚强地自己站起来，你应该学会自立。这位留学生听了后才明白，原来犹太父母是这样教育孩子的。她刚才还觉得这位父亲狠心，现在突然明白其实这应该是做父亲的苦心，为了让孩子自立，就只能用这种看似“残忍”的方法教育孩子。

有些父母不仅在物质上溺爱孩子，在精神上也会对孩子娇生惯养，这样的孩子长大后，处事方式却始终与他们的年龄不相称。所以，在孩子还小的时候，就该不断培养他们的自立能力。在家里，母亲经常用她们的温柔关爱着我们，母亲永远都是那个对我们疼爱有加的人，而父亲经常板起脸来批评我们。但是，在很久以后我们才发现，自己取得的进步与父亲的教导有很大的关系。

犹太父亲经常会在孩子很小的时候就向他们传授一些生活知识，他们经常将孩子当成大人看。犹太民族曾有一个习俗，父亲要教给孩子一项生活技能，以便孩子长大以后可以谋生。犹太父亲从孩子很小的时候，就开始扮演严父的角色，他们不会表露自己的感情，男人的感情都是沉稳而内敛的，这在父亲对孩子的爱上，表现得非常明显。

一位哲人曾经说："人在长大以后，应该感激自己的父亲。"美国耶鲁大学的一项科学调查结果显示，由男性带大的孩子智商比较高，他们在学校的成绩往往很好，走向社会后也更容易取得成功。这项调查是他们坚持了12年，对各个年龄段的孩子进行追踪调查之后得出的结论。缺乏男性教育的孩子，经常会表现出多愁善感、性格懦弱、胆小怕事以及性格孤僻、自卑等特点。这是因为他们接受的女性教育比较多，很容易受到女性的影响，缺乏阳刚之气。而男性教育恰恰可以弥补这方面的缺陷，因为男性比较豁达、大度、果断、自信。男性教育会使孩子变得更加刚毅。

犹太父亲从小就会教育孩子，他们不会惯着孩子，任由孩子胡作非为。实践证明，生活中的小事孩子往往依赖母亲，但是在重大的问题上，他们还是依赖父亲，让父亲帮忙作决定。所以父亲应该担起做父亲的责任。孩子的成长离不开父亲严厉的教育，最初孩子可能不能理解这种教育，但是在孩子长大以后，他们会感激自己的父亲。

愿天下为人父者，都能像犹太父亲一样，做一个不抱孩子的睿智父亲。

激发潜能，充分发挥孩子的主观能动性

孩子经常会给父母一些惊喜，你有时候甚至很难想象有些话竟然出自一个仅几岁大的孩子之口。犹太父母认为，在教育孩子的过程中，要挖掘孩子身上的潜能。

犹太父母在挖掘孩子的潜能方面做得很成功，他们总结了以下经验。

观察孩子的生活。在日常的生活中，如果仔细留心孩子的行为举止，会观察到孩子的很多特点，比如，他不喜欢音乐，但是很喜欢画画；他性格内向，不喜欢和别人交谈；他没有耐性，总是不停地动来动去。这时候你应该将这些细节都记下来，认真地分析出孩子的性格趋向或特长，从而在以后的生活中，在这些方面不断地诱导孩子。

为孩子创造机会。在了解孩子的性格和喜好之后，就应该不断地为孩子制造锻炼的机会。如果孩子不善言辞，就经常找机会让他在家人的面前谈话或讲小故事；如果孩子喜欢表演，就每周给他机会让他展示自己的才艺；如果孩子喜欢读书，就每天给他一段时间，让他在家人的面前朗读文章等。随时给孩子机会不断锻炼他们在某方面的才能，就能使孩子的能力逐渐提高。

给孩子肯定和认可。当孩子在开口说话、自己动手的时候，家长应该给予肯定、赞美和鼓励，即使孩子做得不是很好，也不应该打击孩子。多赞美和鼓励孩子，孩子才会不断增强信心。从生命科学的角度来讲，每个孩子都有无限的潜能。家长应该不断地发掘孩子的潜能，在孩子的背后，默默地支持他们，让他们将自己的潜能逐渐展现出来。

让孩子有自己的空间。只有给孩子属于他们自己的空间，他们才会在自己想做的事情上不断地投入更多的时间和精力。孩子是个独立的个体，他们有自己的思想和行为，家长如果关心孩子的成长，就应该和他们一起摸索，而不是自作主张地为孩子设计好未来，将自己的意愿强加到孩子的身上。

犹太父母在孩子的发展上，会尊重孩子的意愿，他们不会勉强孩子做不喜欢的事情，而是给孩子提供一些建议和帮助，帮助孩子完成想做的事情。犹太孩子在进入大学之后，经常会重新选择自己的专业，父母并不会干预他们的选择，如果孩子在某一方面有深入发展的愿望，父母就会顺着孩子的心愿。

孩子在某些方面的潜能不是安排出来的，而是发展出来的，做父母的应该挖掘孩子身上的潜能，但不能强迫孩子学习某方面的知识。孩子都是无价之宝，我们应该像所有的钻石商一样，细心地发现孩子身上的潜能。

避免自己的坏习惯影响孩子

每个人的身上总会有这样那样不同的陋习，这些陋习经常是横在我们成功路上的绊脚石，很多人经常会无视生活中一

些道德规范的约束，他们无视红绿灯的管制，在马路上横冲直撞，这不仅对他人的生命安全是一种威胁，同时也是社会治安的一个缩影。

一个人身上的陋习反应的是这个人的素质修养，一个民族共有的陋习，反应的是这个国家的素质和道德。一些国人在外国朋友面前肆无忌惮地表现出种种陋习而不知羞愧，他不仅毁了自己的名声，还让他们的祖国也跟着蒙羞。

犹太父母在孩子很小的时候，就注意培养孩子的良好习惯，同时尽量地改掉孩子身上的陋习，他们的口号是不要将陋习传递给下一代。不要以为自己的一个小小的陋习对孩子是造不成影响的，其实不然，孩子的模仿性很强，经常你一个不在意的小陋习，就先入为主地进入到孩子的脑子中，当正确的观念与这种错误的观念相矛盾的时候，他往往不会按照正确的行为做，因为错误的观念一旦在脑海中生了根发了芽，就会很难改变。今天你当着孩子的面骂了邻居一句，明天你就会发现孩子正用你昨天的语言攻击他的小伙伴。你说他，你教训他，但是你有没有想到这一切皆源于你的错误呢？

陋习是一个人素质和修养的集中表现，一些爆粗口、不注意生活细节的人往往都是没有多少素质的人。而一个素质高的人，是不会这样不顾自己脸面地毁坏自己的形象的。

一个犹太人在和中国的一家药材厂进行合作时，犹太人来中国的厂房进行考察，一切都进行得如此地顺利，就在这一行人快要走出工厂的时候，这家工厂的领导随便吐了一口痰，看到这样的情况，犹太人感到非常的震惊，他没有想到一个工厂的领导竟然会有这样的陋习，于是他匆匆的就结束了这次的考察，一个领导都有这样的陋习，这样的工厂生产出来的东西又怎么有保证呢。这笔即将到手的生意就因为这口痰给吐没了。这不是一个偶然的现象，这种事情的发生也不是纯属偶然，就算今天他们过了这一关，但是在产品质量的检验上，他们依然会出问题。这只是一个时间的问题而已。

一些成功的大商人都是非常注意自己的细节的，这些对细节的严格要求，他们也用在自己的员工身上。严格要求他们把好关，责任到人，谁出了问题谁就要负责。一个文明的社会应该让陋习无处藏身，但是现在的情况是好多人对于陋习持一种无所谓的态度，对于自身的

陋习根本就不会花精力进行修改，甚至认为这是有个性的表现，就是因为这种种的恶习，他们自毁了前途。

犹太人的父母非常注意对孩子的培养，为了让自己的孩子不被陋习浸染，他们总是首先将正确的行为习惯教给自己的孩子。如果自己做的不对的，孩子可以为他们指正，因为他们在家庭中实行民主的制度，在家庭讨论会上完全不会顾及家长的身份，每个人都是家庭的成员，任何一个人的意见，只要是正确的，大家就会按照正确的做，将以往的错的行为改正过来。孩子也在这种习惯中逐渐成长起来，他们遵守社会道德，以及一切已经约定俗成的东西。举个很简单的例子，我们国家的人在过马路的时候，如果汽车没有过来，只要自己能够在汽车过来之前走过去，很多人就会无视红绿灯的存在，直接穿过马路。而犹太人不管是有没有车来，都会等到人行道上的绿灯亮起，才穿过马路，不管有没有监视器。这就是我们的差距，如果一个犹太的小孩子在我们过马路的时候拉住我们，问我们现在不是绿灯为什么还要过的时候，我们能说什么，除了说赶时间，你还能说什么。可是问题是你真的这样赶时间吗？

乱扔垃圾的行为现在随处可见，人们总是随手就将自己手中的垃圾直接扔在地面上，就算是垃圾桶离我们不远，很多人也是不愿意做这个举手之劳。一个市民的行为直接反映这个城市的文明，一个国民的陋习，直接反映这个国家的素质，因为一群人在外国表现出的陋习，让我们中国的脸面没处搁的现象已经出现了不只一次，为什么还不反省？

要想让国家变得文明，不是一两个人的事情，而是每个公民的责任，我们都应该不断提高我们自身的素质，只有这样我们的国家才会更文明。

第10章

学无止境，犹太人在不断充实自己

思想家：马克思　弗洛伊德

艺术家：毕加索　斯皮尔伯格

科学家：爱因斯坦　奥本海默

商业奇才：洛克菲勒　摩根　巴菲特　格林斯潘

政界要人：托洛茨基　基辛格　古里安　奥尔布赖特

不断充实自己，让自己聪明起来

犹太人认为知识是一切财富的根本，犹太父母在孩子很小的时候就经常告诫他们，只有知识是一个人最重要的财产，金钱、钻石等物质上的财富不能跟随人的一生，只有知识是一个人真正的、永久的财富。他们认为人最应该投资的是自己的大脑。

大多数的犹太人看起来像学者，他们学识渊博、风度翩翩、气质儒雅，他们身上普遍有一种书卷气，这不是因为他们都有很高的学历，也不是因为他们在学校被熏陶多年的缘故，而是因为犹太民族长时间积淀下来的学习传统。科学家对全世界人口的读书情况进行调查，结果发现，犹太民族是世界上每年读书量最多的民族，以色列每年在教育上的投资是国民经济中比较大的一项支出。犹太民族对知识的重视，由此可见一斑。犹太人很早就将知识的价值上升为资产的高度，他们对知识十分敬重。他们在很久以前就很重视对大脑的开发，而开发的最好途径就是多读书、多学知识。犹太人从小就将学习知识、钻研学问当做毕生的任务。

与犹太人打过交道的人会发现，犹太人的知识面很广，他们不仅钻研自己的专业知识，而且还会广泛涉猎其他行业的知识，所以他们在与人交谈的时候能够侃侃而谈，而不会给人生搬硬套的感觉。犹太人对于学习外语似乎有一种天生的能力，几乎每个人都会说两门以上的外语，他们在与外国人谈生意的时候，根本不需要翻译，这让他们占得了先机，使他们与外国人谈判时不会吃亏。犹太人将学习英语当做一项必须要完成的任务。英语是世界通用语，他们认为英语是世界商人的通行证。

犹太人认为最精明的投资是风险最小且回报率最高的项目，而投资自己的大脑是最物有所值的一项投资。人与人之间的巨大差距，关

键是观念上的差距，由于人们的意识不同，所以人们之间的差距就会越来越大。犹太人在长期的经商实践中，早就知晓了这个秘密，所以他们能够不断地更新自己的观念。很多人的观念一直停留在原有的认知上，不会换一种角度看待问题，所以他们始终在平凡人的世界里徘徊。

学习知识是投资，投资大脑就是投资未来，今天的投资必然会收获应有的回报。成功不是遥不可及的梦想，只要进行正确的投资，总有一天，成功也会属于你。为什么在今天的社会上会涌现出那么多的成功人士？成功之人与普通人的区别就是成功的人知道做事靠的是智慧。成功的人有一般人没有的学习观念，他们知道学习的重要性。有智慧的人可以创造出巨大的财富，钱会不断地往他们的口袋里钻。没有智慧的人只会让自己的头脑一直处于休息状态，这样的人不会开发自己的大脑，成功的大门也不会向他们敞开。

犹太人一直将《塔木德》作为自己学习的圣经，即使是家财万贯的人，也会在自己的办公室放一本《塔木德》。在普通家庭，每个星期五的晚上，一家人会团聚在一起，共同学习《塔木德》里面的智慧。不管是遇到经商上的困难，还是在生活中无法解决的问题，他们都会将《塔木德》作为自己解决问题的源头。这种现象在其他民族很少见，犹太人这种认真学习的精神，真是让将读书当做自己飞黄腾达的敲门砖的人汗颜。犹太人认为学习是一辈子的事，而不是一个阶段的事，任何时候都应该学习。正所谓“活到老，学到老”。

犹太人重视投资自己的大脑，所以他们才能不断地取得成功，无论是在商业上，还是科学、政治领域，要想成为21世纪的人才，最重要的还是用知识来武装自己的大脑。21世纪的世界是一个终生学习的社会，对财富的拥有依托于对赚钱智慧的占有，要想不被社会淘汰，要想在事业上有所成就，就必须不断地学习，不断地开发自己的大脑。人与人的先天差距很小，为什么有些人的人生丰富多彩，有些人的人生黯然无光？关键还是要靠自己去把握啊！

学海无涯，生命因学习而不朽

犹太人是非常重视学习的，他们的观点是：生命有终止，学习无止境。他们认为智慧虽然可以从实践中获得，但是最简便有效的学习途径是从书本中获得知识。学习知识就是向先辈、智者、成功人士、道德高尚的人学习，学习他们的经验和成功的人生经历。社会在不断地发展，学习也就应该没有止境。

在犹太人看来，学习是一种神圣的使命，不管一个人有多大年纪，也不管他有多么贫穷，在生命结束之前，他应该始终不停地学习，就算是非常有智慧的拉比也不例外。所有的犹太人都秉承着这样的观点，肯学习知识的人比知识丰富的人更伟大。犹太人甚至认为通过学习可以一直保持年轻人的心态，这样人永远不会老；还可以通过学习获得“财富”，以弥补精神上的不足。

如果一个犹太人对他的朋友说：“我太穷了，终日为果腹忙来忙去，根本就没有时间学习。”那么他的朋友就会反问他一句：“难道你比希来尔还穷吗？”

希来尔长老是一个穷人，他每天都辛苦工作，却只能挣到微薄的收入，他将自己收入的一半给学院的门卫，以便能到学院旁听一些课，另外的一半就用来维持生活。某年安息日的前夜，他没有挣到一分钱，门卫就不让他进入学院。在学习欲望的驱使下，他爬到教室的屋顶上，把头紧紧地贴在教室的房顶上，透过玻璃听智者讲课。大雪飞扬，不一会儿就将他盖住了，但是由于他听得入迷，根本就没有注意到这些。一整个晚上，他都没有移动位置。第二天清晨，讲课的智者施玛对另一位智者说：“兄弟，这间屋子每天都很亮，但是今天有些暗，外面是不是阴天了？”他们向窗户上面看，这时才发现已经被大雪覆盖几乎冻死的希来尔。这两位智者说：“这个人亵渎安息日的行为是值得的，上帝保佑他。”

后来，犹太人一直拿希来尔的故事来激励自己，当有人以贫穷、没有时间学习为借口的时候，人们就会用希来尔的故事来反驳他。

犹太人一直认为学习是人一生中最重要的事情，学习知识是不分国界和边界的。在以色列建国以前，犹太人一直都是处于流浪的状态，他们流散在世界各地。为了生存，他们会学习一些其他民族的文化。犹太人是历史上获得诺贝尔奖最多的，这不仅与他们注重教育的传统有关，更源于这个民族特有的开放式的社会文化生态。犹太民族的不幸历史使他们有机会和世界上的其他民族广泛接触，使他们有机会吸收其他民族文化的养料。这样做的结果就是开拓了他们的视野，扩展了他们的知识层面。这种复合型的文化形态对于科学人才的破茧而出十分有利。美国的原子弹之父奥本海默，现代著名的心理学家马斯洛，著名的逻辑学家维特根斯坦都是在复合环境下成长并做出贡献的犹太人。

这不仅对科学家是得天独厚的条件，即使是普通人，也会在这种流浪生涯中，为自己的人生经历狠狠地描上一笔。这真应了我们的那句古话“塞翁失马，焉知非福”？犹太人在长期的流浪生涯中，被迫从一个地方赶到另一个地方，在不断的迁徙中，他们有机会和不同民族的人接触。在这个过程中，他们不仅顽强地保持着自己的文化，而且还熟练地掌握了所在国的语言，他们的语言天分或许就是这个时候锻炼出来的。他们将这一传统不断地传给下一代，优秀的文化就这样传承下来了。

犹太民族在世界上一直是谜一样的民族，他们在金融界的地位是任何人都无法撼动的，他们在科学界的分量，也不是其他民族能够比得上的。为什么以色列这片贫瘠的土地能孕育出那么多有影响力的人物？首先就是因为犹太人具有活到老、学到老的精神；其次，他们认为知识是没有贵贱的，只要是有利于自己的知识，他们都会下大力气学习。

我们每个人都应该有犹太人这种乐于学习的精神。人的生命是有限的，学习是没有止境的。知识是可以分民族和国家的，但是学习是没有边界限定的。

会学知识，更要会运用知识

犹太人经常把书呆子或者读了很多书却没有智慧的人称为背着书本的驴子。他们认为，学习只是一种模仿，没有任何的创新。要想学到真正属于自己的知识，就应该不断地思考。学习的时候应该经常地怀疑，随时发问，怀疑是打开智慧大门的钥匙，知道得越多，提出的疑问就越多，进步就越大。

犹太父母经常在孩子很小的时候就启发他们要学会不断地质疑。有质疑就说明进行了思考，一味地读书但是不懂得思考的人，就像只会背着书乱走的驴子一样，没有任何的智慧。这样的人即使看了再多的书，又有什么用？犹太人生活的目的是赚取金钱，这是世人共知的一件事情，他们认为只有能用来赚钱的智慧才是真正的智慧。

犹太人注重对知识的学习，他们更加重视才能的培养。只会模仿他人却没有创新精神的人，不会取得任何成就。学习书本知识是为了在他人的基础上做出更有创新的成就，他们认为智慧的公式是：智慧=知识+知识的运用。没有智慧的人只会在他人的智慧里迷失，没有思考的人不会分辨知识的价值。他们只会人云亦云，没有一点儿主见，这样的学习不会有任何的效果。只有能运用到生活中的知识，才是属于自己的知识。

以色列有一所著名的鲸鱼学校，这所学校让孩子们乘上帆船在一年之内游两次大西洋，游遍三个岛。在此过程中，孩子们不仅要经受暴风雨的洗礼，同时还要经受挨饿的痛苦。这所学校的学生要学会驾船、捕捞、做饭，另外还要完成考察、读书、讨论等课程，同时他们还要和当地的居民打交道，学习风土人情。经过这样的一番磨炼，学生们大都被锻炼成智勇双全的人。

犹太的教师在教导孩子们学习的时候，也非常注意培养孩子们思考的习惯，他们在课堂上经常鼓励孩子们提出自己的疑问，还经常露出一些破绽，以便让孩子们纠正。孩子们回到家中，父母问的第一个问题就是："今天你提问了吗？"就是这样的生活和学习习惯，使犹

太人从小就养成不断思考、不断提问的好习惯，这种习惯会伴随他们一生，并且代代传承下去。

总体来说，犹太人追求的是活的智慧，不是被拿来装样子做学问的假知识，他们对各种知识都有兴趣，这些知识也能为他们的生活增加一些谈资。在和其他人交流的时候，他们满腹的学问就派上了用场，他们不仅熟悉专业知识，对于一些比较生僻的知识也能畅所欲言，他们就这样将自己的知识自然而然地流露出来。犹太父母经常会在孩子很小的时候，就让他们背诵一些经典的知识，锻炼他们的记忆能力。但是犹太人不主张死记硬背，而是用一种特殊的方法进行背诵，除了抑扬顿挫地朗读外，还要按一定的节律左右摇摆。他们一边用手按着书，一边动用所有能够想到的身体器官，按照内容的意思，将自己完全投入进去。他们认为这样的记忆方法要比单纯地死记硬背好得多。这样的记忆方法比默读式的记忆方法，效果强几倍。这样的经历为犹太人以后读书打下了坚实的基础，很多人读书几乎是过目不忘。犹太人的知识如此渊博不仅仅是因为他们涉猎广泛，更重要的是因为他们善于记忆，同时还能正确运用这些知识，而一个只会死背书的书呆子是不会这样运用知识的。

知识填充大脑，经验拓展能力

犹太民族是一个非常重视能力培养的民族。《塔木德》告诫犹太人，让孩子学习知识以前，应该让他们获得一些做事的基本能力。他们认为一个连做饭都不会的人，是没有资格做学问的。撒曼以色三世曾经说："没有比既能做事又能做学问更好的了。没有劳动的学问结不出果实，相反甚至可能导致罪恶。"在犹太人看来，仅仅有知识的人，会对自己过分自信，经常会形成自大的性格，这样的人，最终的结果往往是令人惋惜的。只有既有知识，同时能力又出众的人，才能在社会上出人头地，终有一番作为。

莱姆是一个非常富有的犹太商人。他16岁去英国留学的时候，他的父亲只给了他100英镑作为学费。临行前，父亲告诉他，留学回来

的时候，这100英镑还要归还。就这样，他只带着这100英镑来到了英国。很快，莱姆就用自己的好点子赚到了学费，并且最终以非常优异的成绩从伦敦经济学院毕业。毋庸置疑，他父亲的那100英镑当然也能顺利归还了。

莱姆的例子在犹太人的眼中是理所当然的。犹太人非常重视培养孩子的能力，他们在孩子很小的时候就向他们灌输一些赚钱的道理；在孩子还比较小的时候，就让他们做家务以赚取自己的零花钱；在孩子稍大点的时候，就让他们出去自己想办法赚取零花钱，这就是犹太人的教育思维。学习知识是为了赚取更多的钱。知识渊博却没有实践的能力，这样的人在犹太人的世界里是吃不开的。犹太人认为能力和知识其实是两码事，在他们看来，那些把知识看得比实践更重要的人，就好比是一棵枝繁叶茂但是根基很浅的大树，遇到大风大浪的时候就很容易倒下。相反，那些将能力看得比知识更重要的人，根基就会扎得很深，就算遇到再大的风，他们也不会惧怕。

只有学问而没有能力的人在社会上是不能生存的，他们只会一味地活在理论的圈子中，看不见世界的变化，看不到自己的劣势。他们在没有实用价值的学问世界中，丧失了生存与发展的能力。有些人书读得越多、学问越大，反倒越不能在社会上生存，就是这个原因。

犹太人教育孩子的时候，不仅仅看中孩子的学习成绩，更注重孩子的能力培养。他们鼓励孩子自己创业，认为这是孩子必须要学习的一种生活本领。有些犹太人会在上大学期间找到自己一生想要从事的事业，这时他们会主动地放弃学业，他们的父母对此一般是不会干预的。而且当父母认为孩子有能力赚取学费、生活费等费用时候，就不再给孩子任何钱了。

犹太人这种注重能力的教育观真的很值得其他民族的人学习。

知识是别人偷不走的财富

犹太民族曾经四处漂泊，他们为了继续生存下去，大量积聚财富，从而掌握了世界经济的命脉。虽然如此，但是他们

依然觉得生活没有安全感。早上的时候还腰缠万贯，到了晚上就一贫如洗，这样的事情对犹太人而言，实在是太平常了。他们认为，在这个世界上，只有知识和智慧是不会被人夺走的。

犹太人在世界上占据着极其重要的地位，他们在金融界声名显赫，在科学领域同样声名卓著，他们将这一切都归功于知识的作用，是知识改变了他们的命运和前途。犹太父母在孩子很小的时候就告诉孩子，这个世界上只有一样东西能够不被偷走，那就是知识。只要拥有知识，即使身无分文，也不是穷人，没有知识的人才是真正的一贫如洗，只要拥有知识，就拥有了无尽的财富。

一条正在行驶的小船上，船客皆是大富翁，只有一位穷人。大富翁们聚在一起，彼此炫耀他们的财富，他们都很看不起这位穷人，于是就嘲讽地问他："嘿，请问你有多少财富呢？"穷人看了他们眼，不卑不亢地说道："我认为我是这条船上最富有的人，不过现在还不是时候向你们展示。"富翁们听完他说的话，都哈哈大笑起来，他们觉得这是一个笑话，一个一无所有的人，竟然敢在他们这些大富翁面前说这样大言不惭的话。船航行到一半的时候，一条海盗船追上了他们的船，富翁们的金银财宝瞬间被抢劫一空，只有穷人依然安然无恙。海盗离去后，他们好不容易到了一个港口。穷人下船之后就去了一个学院，向那里的人们讲授一些知识，很快，他丰富的学识受到了当地人们的热烈欢迎，于是他就开始在学院里开班收徒。不久，这位穷人就声名远播了。那些和他同船来的乘客看到他现在受大家尊敬的样子，瞬间就明白了他的财富是什么，于是他们就去寻求帮助，因为他们已经很久没有饭吃了，他们说道："善良的人啊，我们这才明白，真正的财富不是金银珠宝，不是银子钞票，而是知识和智慧啊！你的确是最富有的人，请你给我们口吃的吧！"

典型的犹太家庭里有这样一个风俗，就是将蜂蜜滴在《圣经》上，然后让孩子去舔。这样做的主要目的就是让孩子知晓知识是甜蜜的，让孩子从小就有想学习的念头。通过这个习俗，我们可以看出犹太人对学习的态度和对《圣经》的虔诚。勤奋好学是敬神的一个重要组成部分，没有一个民族像犹太人那样对学习和研究如此重视和一再强调，犹太人在信仰的鞭策下，形成了一种不断学习的文化传统。

犹太人经常告诫自己的后代，学习知识是没有止境的，人要活到老，学到老。在这种精神的激励下，他们能够不断地积极进取，不断地接受文化知识的熏陶。这些都是犹太人对知识敬重和虔诚的表现。

虽然犹太人将金钱作为自己世俗的上帝，他们对金钱的迷恋也已经达到了痴迷的地步，但是他们却并不将钱作为自己终身的财富，这种金钱观真的不是所有人都能拥有的。将知识定义为财富的唯一标准，大概也只有犹太人可以做到，也许这就是犹太人能在各个领域占据重要地位的原因。

智慧的民族缔造无限辉煌

以色列建国后，经过短短几十年的时间，这个国土面积仅相当于我国天津，人口只有600万，自然条件十分恶劣的小国家，其综合实力排名竟然是世界前六名。如此惊人的成就来源于国家的教育，而教育的执行者就是他们民族的智者。

拉比在犹太语中是智者的尊称，智者就是学校中的老师。犹太人认为，智者比国王还大，说得再透彻一点儿，就是老师比国王还大。犹太人将智者的地位看得如此之高是有原因的。在他们的心目中，只有拥有知识、拥有大智慧的人才是真正能够将犹太的文化传承下去的人。犹太民族在丧国两千多年后，能够成功地重新建立国家，文化传统能够重新聚集并且传承下来，与犹太民族千百年来对智者的敬重有很大关系。

在犹太民族中，智者要比国王伟大，只有智者才是人们尊敬的中心。因为如果智者死了，世上就再也没有大智慧了，而如果国王死了，任何一个智者的弟子都可以胜任。智者的贡献甚至可以超过国王。这种观念一直在影响着世世代代的犹太人。

犹太人特别重视学校的建设，在他们看来，学校是一口涌出犹太民族生命之水的活井。只要学校还存在，犹太民族的优良传统就会不断地传承下去，犹太民族的智慧也会这样延续下去，永不磨灭。犹太民族的智者在战乱的年代也想尽一切办法让犹太的文化精髓不断地传

递下去。他们在文化的传递中就起到了非常重要的作用。

1919年，犹太人同阿拉伯人处于日益激烈的战争冲突中，耶路撒冷的希伯来大学便在隆隆的炮火声中开工了。此后，连绵不绝的冲突，始终未能阻止这所大学在1925年建成并且投入使用。伟大的拉比约哈南曾说："学校在，犹太民族在。"公元70年前后，占领犹太国的罗马人肆意地毁坏犹太教堂，企图消灭所有的犹太人。面对犹太民族的空前浩劫，约哈南陷入深深的焦虑中，他十分担心犹太民族的文化瑰宝毁于一旦。为了保存犹太民族的优秀文化，他殚精竭虑，假装生病要死了，才得以见到罗马的将军韦斯巴罗。他对韦斯巴罗说："阁下必定会成为下一位罗马皇帝。"将军非常高兴，就问他有什么要求。于是，约哈南说："请给我一所大约能容纳10个拉比的学校，并且永远不去毁坏它。"将军答应了。不久之后，罗马皇帝就死了，韦斯巴罗当上了皇帝。耶路撒冷城破之日，他果然下令："给犹太人留一所学校。"学校里的十几位智者就这样巧妙而幸运地生存下来了，犹太人的文化知识传统也得以保存下来。

以色列有六所世界公认的一流大学，它们分别是希伯来大学、特拉维夫大学、海法大学、以色列理工大学、巴尔伊兰大学和内格夫·古本安大学。凡是到过这些大学的人，无不为学校优美的环境、宏伟的建筑、先进的设备和丰富的藏书而赞叹。以色列许多大学的研究成果，也被国际学术界列为权威性项目。

在犹太人的心目中，最理想的婚姻是有学问的教师、拉比、法学家同富翁的女儿结合。《塔木德》中写道："宁可失去所有的财产，也要把女儿嫁给学者。"学者与商人，在犹太人的心目中绝对是门当户对。

在历史上，爱因斯坦曾经拒绝做以色列总统的经典例子被世人熟知。犹太人对智者的崇拜真是让我们折服啊！犹太人对智者的敬重，自很久以前就已经延续下来了。就是因为有这些敬业的智者，犹太民族的文化才能在滚滚的历史浪潮中延续下来，才能生生不息地传递下去。

对知识永不满足的进取精神

人的潜能是无限的，只要善于挖掘自己的潜能，任何人都能成就一番事业。每个人都应该有积极进取的精神，永不知足，永不满足，只有这样，社会才能不断地发展进步。

犹太人就具有这种不断进取的精神，看看他们的民族史就知道了。犹太人在什么样的情况下，都能保持这种不断进取，不停地自我挖潜的精神。他们的这种精神也获得了丰厚的回报，很多犹太人在不同的领域对世界的进步作出了卓越的贡献，他们在世界历史上流芳千古。

拜尔是一位生活在德国的犹太后裔，曾获得诺贝尔化学奖。他从小就勤奋好学，进入大学以后，专门学习物理和数学，毕业的时候，年仅21岁。他觉得自己还有很大的潜力，于是又开始主攻化学，这为他以后获得诺贝尔化学奖打下了基础。由于已经有了坚实的物理学基础，所以拜尔学习化学的时候进步很快，第二年就发表了对甲基氯的研究论文，初步显示了他在化学方面的才能。1872年，他在斯特拉斯大学任教授，在从事教学工作的同时，他充分发挥自己的潜能，开展了对酞染料种类的研究。很快，他就成为了染料史上确定靛青的结构成分的第一位化学家。三年后，他进一步运用自己的学识和研究成果，研究出了靛青的全部成分，并建立了著名的拜尔碳环种族理论。拜尔在花甲之年，还继续进行自我挖潜，编写了反映他研究成果的著作《拜尔科学研究》。可以说，拜尔的一生都在不停地自我挖潜，他的一生也硕果累累。

像拜尔这样的犹太人很多，如多面手贝拉斯科，科学家总统卡齐尔，商学家瓦尔堡家族，等等。他们的共同点就是都善于自我挖潜，从而能获得一个又一个的胜利，取得事业上的成功。

实际上，每个人都有自己的潜能，只是有些人不知道如何将自己的潜能充分发挥出来，这就需要不断地进行自我挖潜。很多人经常觉得自己没有某方面的经验，觉得自己不适合做某件事，其实他们不知

道，人不是生而知之的，而是学而知之的。他们经常不敢亲自去尝试发展一下自己其他方面的潜能，他们也因此失去了很多本来可以成就自己的机会。不敢发掘自己潜能的人，明显抱着消极的人生态度。他们不明白，即使自己没有某方面的经验，也只是暂时的，因为经验分为直接经验和间接经验两种，我们学习别人的经验和先辈们总结出来的现实成果就属于学习间接经验，这样会省去自己摸索的时间，效果事半功倍。学习间接经验后，人们在挖掘自己潜力的时候，就不会漫无目的地乱挖，也不会觉得没有任何方向，从而会有的放矢。

犹太人在这一方面就做得比较好，因为他们知道学习是后天的，不是先天注定的。所以要想挖掘自己的潜能就应该不断地学习，只有多学习一些知识才能找到自己到底在哪方面比较有发展的潜力，然后再尽全力去专攻，这样就能不断地进步，最终成就自己。

当因为经验不足、知识不够等导致失败的时候，不应该气馁和失望，要找出自己的不足，不断地找寻补救的办法，这样才能成功。爱因斯坦在物理学方面是泰斗级的人物，但是他也会感觉到自己在知识上的不足。他经常告诫自己，知识的海洋浩瀚无边。研究相对论的时候，他明显地感觉到自己的非欧几何知识不够用。他并没有因此放弃自己的目标，而是不断地学习这方面的知识，弥补自己在这方面的不足，最后终于完成了相对论。

犹太人在多年的艰苦磨难中，形成了好学的风气，他们宁可牺牲自己的娱乐时间，也要不断地充实自己，丝毫不吝惜在知识上的投资。他们明白，经验和知识的充实，可以让他们重新挖掘出自己的潜能，这是事业成功的保障。经验和知识，再加上自己的潜能，这就是一个人一生的宝贵财富。

多用怀疑的精神去思考问题

犹太民族是一个爱读书的民族，但是他们并不是读死书，而是经常思考。他们认为读书应该经常提出疑问，只有这样才能证明你在思考。一味地看书，不知道思考的人，不能吸取书中的

精华。

读书要有怀疑精神，这是世界上几乎所有智者的共识。孟子曾经说过“尽信书不如无书”，高尔基说过“怀疑是进步的阶梯”，《塔木德》说“怀疑比盲目信仰更值得肯定”。有智慧的人在学习知识的过程中，都抱着一种怀疑的态度看问题。对一切事情都要有怀疑的精神，即使面对权威，也要有胆量去质疑。

犹太父母在孩子很小的时候，就鼓励孩子多问问题，这样不仅可以锻炼孩子的思维能力，更重要的是能培养孩子好学、怀疑的精神。这种习惯会影响孩子一生，所以犹太人在做任何事情的时候，都敢于质疑。经过质疑，他们往往就能发现一些潜在的商机。很多人的成功就是从质疑开始的，最著名的就是牛顿发现万有引力的例子。很多人都会被苹果砸到，但是为什么只有牛顿一个人发现了万有引力定律呢？原因很简单，就是因为他在被苹果砸到的时候多问了一个为什么。

有一个年轻的犹太人在坐车去美国德克萨斯州的时候，路过一片荒无人烟的田野。火车在拐弯时逐渐减速，这时候一座平房映入了人们的眼帘，这只是一座很普通的平房，但是因为它出现在人们百无聊赖的时候，所以还是激起了人们的兴趣，人们纷纷睁大了眼睛，望着眼前这间缓缓退后的平房。看到这个情形，犹太小伙子陷入了深深的思考，他想，为什么不能将这里开发利用呢？这里可以做什么呢？终于，他想到了一个绝妙的主意。他赶紧下车去找这座房子的主人。房子的主人正在为这间房子忧心，因为火车时时从这里经过，他们实在是受不了火车的噪声，正想将这座房子卖出去呢。于是，这位犹太人用3万美元将这座房子买了下来。然后他找到一些大型公司，请他们用这座房子打广告。终于，可口可乐公司看中了这个巨大的广告商机，于是就用18万美元和这个年轻犹太人签订了三年的租用合同。

犹太人在孩子很小的时候就经常启发孩子多提问，不管孩子提出什么问题，他们都会给以适当的鼓励，甚至是表扬。如果孩子向父母提出疑问，父母并不会立即告诉孩子问题的答案，而是先让他们自己去找答案，在孩子有了自己的答案后，父母再告诉孩子正确答案。这种启发式的问答可以锻炼孩子独立思考的能力，犹太父母就是通过这样的方式与孩子进行思想交流的，孩子既受到父母的教诲和指导，还

可以和父母讨论，甚至可以和父母争吵。孩子们越会思考，提出的问题就会越多，争论的水平就会越高，这样才说明孩子已经把真正的知识学到手了。人们发现，犹太人所具有的出色口才和高智力水平，与此有密切的关系。

不会怀疑的人不会思考，只会人云亦云，没有自己的主见。一个不会怀疑的民族，只会慢慢退化，因为没有怀疑就不会有任何进步。怀疑更是学习上的推动器，因为有了怀疑，人们才能吸收更多的知识，更好地利用知识，只是一味地读死书的人，永远也学不到真正属于自己的知识。

怀疑是创新的基础。犹太民族经常涌现出非凡的创新人才，这与他们民族的怀疑传统也有很大的关系。任何一项创新活动都是积极的思维活动，而思维都是从提问开始的。所以，犹太父母非常重视培养孩子的怀疑精神，他们认为这是孩子一生中的宝贵财富。事实的确如此，犹太人这种从小养成的思维模式，让他们在世界上不断地取得新的成就，不断有大的作为。

第11章

社交博弈，犹太人待人理性不失真情

思想家： 马克思　弗洛伊德

艺术家： 毕加索　斯皮尔伯格

科学家： 爱因斯坦　奥本海默

商业奇才： 洛克菲勒　摩根　巴菲特　格林斯潘

政界要人： 托洛茨基　基辛格　古里安　奥尔布赖特

不要和朋友扯上金钱关系

犹太人的生存智慧与他们经受的苦难分不开，有了这些苦难的磨炼，他们懂得了很多的生存之道和生存智慧。苦难虽然没有了，但是这些生存智慧，却被一代代传承了下来。这些智慧让他们的人际关系变得更加的和谐。这些智慧同样在犹太人赚钱的过程中，发挥了作用。先辈们总结出来的这些人生经验，让他们少走了很多的弯路。分清界限，不让金钱影响情谊。

犹太人的普遍观点是将金钱和朋友分开，他们一般不会借钱给自己的朋友。他们认为，借钱给朋友其实是给自己买了一个敌手，这样会失去原来的朋友，得不偿失。所以，犹太人的一致共识就是不借钱给自己的朋友。而且，犹太人即使有什么经济上的困难，一般也不会向自己的朋友借钱。

犹太人朋友之间的关系其实很不错，大家经常在一起吃饭喝酒。但是交往归交往，假如你要借钱，他们一般是不会答应的。犹太人认为，你可以资助朋友任何东西，但是金钱除外。不借钱给自己的朋友，并不是因为犹太人不相信自己的朋友，而是因为他们觉得假如借钱给朋友，借钱者就会不好意思见朋友，这样一来，越是想尽早还钱，越是不好意思去见朋友。如果借方正好也需要钱，又不好意思催朋友还钱，只好向别人借钱。于是朋友之间的关系就会越来越淡薄，最后甚至会因为钱而反目成仇。基于这种原因，犹太人普遍形成这样一种观点，不借钱给自己的朋友。

这样的事情其实各个民族的人都会遇到，只是其他人不会像犹太人这样理智地处理这个问题。毕竟，人都是好面子的，很少有人会坚决拒绝朋友的要求，所以很多时候，人们如果借些小钱给朋友，一般都不会指望着朋友还钱。因为借钱不还而将关系闹崩的人其实不在少数。

犹太人喜欢放高利贷收取利息，这是他们几百年来传承下来的传统。如果他们有闲余的资金，就会将其贷出去。如果有人真的需要钱，可以向放贷者借钱。这样一来，就可以避免向朋友借钱。犹太人经常这样做，如果缺钱，他们一般都会通过借贷充实资金，使自己渡过难关，向借贷者借钱是一种商业行为，与向朋友借钱是完全不同的。一旦沾上金钱的边，任何事情都会变得复杂，所以为了让朋友之间的关系变得更透明，最好的处理办法就是让它不与金钱沾边。

犹太人在开餐馆前一般都会在门前贴这样一首歌谣："我喜欢你，你要借钱，我不能借给你，怕你借了，以后不再上门。"这就是犹太人想法的真实写照。犹太人这种将金钱和朋友划清界线的做法，是他们千百年来总结出来的一种经验，这种做法值得每个人学习。朋友就是朋友，金钱就是金钱，朋友不是用钱买来的，用钱买来的朋友不是真朋友，只有将钱和朋友分开的人才是明智的人。

学会适时地给予他人帮助

一个人如果能坚持为别人着想，自己的心灵就会不断地得到净化。一个人如果能将帮助别人当成一种习惯，那么这个世界就会越变越美好。人与人之间免不了要打交道，在这个世界上，很少有人没有接受过别人的帮助，也很少有人没有帮助过别人。帮助别人，自己也会从中得到一些快乐，不愿意帮助别人的人，永远都体会不到这种从内心深处涌出的快乐。

一个人来到上帝的面前，问道："为什么生活在天堂里的人就会快乐，而生活在地狱里的人就痛苦不堪呢？"上帝笑而不答，只是将这个人带到了地狱和天堂，让他自己找原因。他们来到地狱，他看见很多人围在一个大锅周围，锅里煮着美味的食物，可是每个人脸上都写满了失望，而且他们都很消瘦，很明显已经很久没有吃饱了。这个人很不明白，锅里有那么多美味的食物，为什么他们还会这样消瘦呢？原来他们每个人的筷子都很长，没法将食物送到自己的嘴里，所以只能看着食物干着急。上帝又将这个人带到天堂，奇怪的是这里的

情形和地狱差不多，但是每个人的脸上都写满了幸福，而且满面红光，说明他们生活得不错。虽然他们的筷子也很长，但是他们不是将食物送到自己的嘴里，而是互相用筷子喂给对面的人吃，就这样，他们每个人都能吃得很好。

同样是用长筷子夹食物，天堂里的人通过帮助别人吃东西，自己也吃到了东西；地狱里的人却始终不明白帮助别人就是帮助自己这个道理，只能眼睁睁地看着美味的食物饿肚子。

如果把帮助别人当做一种习惯，使其成为一种社会风气，社会就会变得更加和谐温馨，多一些阳光，少一些阴郁。犹太人就将帮助别人当做一种习惯，把助人视为一种美德，在帮助别人的同时充分尊重别人的自由。他们帮助别人不是为了回报，而是为了求得心理的安宁。

犹太民族的繁荣兴盛，与他们把帮助别人当做一种习惯有很大的关系。在犹太人的社会里，帮助穷人已经是一种习惯。按照犹太人的规矩，为了照顾社会上的寡妇和无依无靠的人，农夫收割麦子的时候，会故意留下田地四角的麦穗不割，让穷人去拾取。收割的人，也不可拾回掉在地上的麦穗，不可回去取忘在田间的麦穗，这些都是要留给穷人的。犹太人已经将这一规矩延续了上千年，他们在收割的时候已经将这一规矩作为了自己的习惯。

犹太人之间的关心和帮助都是发自内心的，他们是真心喜爱自己的同胞，从内心深处愿意帮助他们。以前，犹太人经常在神庙里开辟若干个小房间，这些小房间被他们称为“禁声室”或“静室”。在这些小房间里，犹太人会把他们为穷人准备的东西秘密地放在里面，穷人能够来到这里秘密地得到帮助。这样一来，接受者不知道接受了谁的帮助，给予者也不知道帮助了谁。这样做既能帮助穷人，同时也能保护他们的尊严。直到现在，犹太人某些帮助他人的优良传统还在一直延续。

在犹太人心目中，帮助别人是一种境界和智慧。犹太人一直坚信，自己的一切行为都被真主看在眼中，有时候帮助别人其实也是帮助自己。在帮助别人的过程中，自己的思想、信念、精神以及心灵也得到了彻底的净化。正是因为犹太人拥有这种乐于帮助他人的思想，

所以以色列是没有乞丐的，人们都乐于慷慨解囊帮助他人渡过难关。

率真坦言让交际变得轻松简单

在我国，人们一般都比较自谦。在我们的文化传统里，自谦是一种自古沿袭下来的传统。这种自谦在犹太人看来是虚伪的，犹太人在社交中讲究坦率直爽，他们认为人与人之间没必要老是绕弯子，有话直说是他们的做事风格。

在与人交往时，犹太人喜欢直率地表达自己的观点。在他们看来，一就是一，二就是二，没有必要在简单的事实中加上多余的修饰词句。那种自谦式的礼貌，他们根本就不能苟同。

犹太人非常爱惜时间，所以做事坦率、说话坦率就成了必然的事情。他们经常没有任何寒暄地直奔主题，这样既能节省时间，又能较快地解决问题。在平时的交往中，他们对于任何事情都是直抒己见。他们认为每个人都有自己的思想，意见不同是情理之中的事情，人们在交换意见的时候，绝不会因为你的意见不同，就大惊小怪，甚至恶语相向，只要言辞不太唐突、尖刻，存在争执是无妨的。

犹太人一直秉承的这种观点，不仅被他们用在生活中，还被用在工作中。有些成功的犹太商人，在事业和工作上，经常是认准了一件事，就坚持自己的决定，绝不退让，他们经常会因为某件事情在董事会吵得不可开交。但是，这样的争论丝毫不会影响他们之间的关系，他们不会因为这样的争论而心生芥蒂，甚至出手攻击。

犹太人不会将这些事情想得太复杂，即使对上司有意见，他们也会直截了当地说出来，因为他们认为人与人是平等的，没有必要因为地位的差别，就说一些违心话。

犹太人在经商的时候，将这一风格表现得淋漓尽致，如果自己的商品好，他们一定会告诉别人好在什么地方。不要以为他们这仅仅是在为自己做广告，其实这也是犹太人直爽性格的体现，他们认为这样既不欺瞒顾客，又能将自己的商品卖出去。很多商人都喜欢犹太人这种直爽率真的风格。说话模棱两可，只会让人厌烦。所以，在经商的

时候，应该多学习一下犹太人这种做事风格，不要以为说一些好听的违心话，就能做成生意，生意成败的关键不在于说话好不好听上，而是在硬件储备上，比如产品的质量、风险的高低、有没有价值等。

我们也应该学习犹太人这种坦率直爽的社交之道，没有必要老是自谦，也没必要绕弯子。有事直说，这样的说话方式既能节省别人的时间又能节省自己的时间。只有这样才能在生意上不断地取得成功。

巧妙化敌为友，多个朋友多条路

人们普遍认为多一个朋友比多一个敌人好得多，犹太人也同意这样的观点。他们在商场上经常秉承这样的观点：生意场上没有永恒的朋友，也没有永恒的敌人。

《塔木德》经常告诫人们，要以德报怨，化敌为友。有些人经常是以眼还眼，以牙还牙。在犹太人的圣经中，圣人们不提倡这样的做法，他们认为最好的做法就是以德报怨，化敌为友。

犹太人这种化敌为友的品德与他们经受的苦难分不开。战争时期，他们迫不得已移居到其他国家和地区。为了生存，他们必须和其他人和平相处，同时尽量和他们化敌为友，因为自己的敌人已经够多了，这时候，只有尽量地减少敌人，多结交朋友才能艰难地生存下去。

能够宽容待人、化敌为友的人才达到了为人处世的最高境界。原谅曾经伤害过自己的人，才是最好的待人之道。受到侮辱却不侮辱对方、听到诽谤却不反击对方的人是值得敬重的。这样的人是心胸宽广的人，具有大家风范，用我们中国的一句古话说就是“宰相肚里能撑船”。

犹太人在历史的长河中，受尽迫害、历经坎坷。但是，当犹太人有了掌握其他民族命运的能力时，他们却不会去迫害其他的民族。相反，他们以平常心对待他人，甚至用爱心帮助他们。在犹太人的《圣经》中，有这样一则小故事。

约瑟夫是雅各的第十一个儿子，由于他是最小的孩子，雅各非

常疼爱他，他因此经常遭受兄长的忌妒。有一天，他们在外面玩耍的时候，约瑟夫被兄长卖到了埃及为奴。后来，他凭借自己的智慧，成了埃及的宰相。有一年，因为饥荒，他的父亲派他的哥哥们到埃及寻找食物，约瑟夫见到了他的兄长。当约瑟夫发现自己的哥哥们时，控制不住自己的感情，在众多的仆人面前嚎啕大哭起来。他大声地喝退自己的仆人。等仆人们都离开了，他才向哥哥们诉说自己的思乡之苦，他急切地问道："父亲还好吗？"他的哥哥们被问得惊惶失措，甚至不知道该怎么回答，因为他们没有认出约瑟夫。约瑟夫让他们走近些，等他们认出眼前这个威风凛凛的人是当年被他们卖到埃及的弟弟时，都感到非常害怕。他们害怕弟弟会报复自己。但是，约瑟夫并没有报复兄长，而是温和地说："现在请你们不要因为把我卖到这里而感到难过，那是上帝为了救我的命把我早些送过来。现在故乡发生饥荒已经两年了，接下来的五年时间还会颗粒无收。上帝把我早些送来，也是为了让你们继续存活，他以特殊的方式搭救了你们，所以是上帝将我送到这儿的，而不是你们。他使我成了法老的宰相，所有财产的主人，整个埃及的统治者。"

约瑟夫这种化敌为友的处世方式，正是千百年来犹太人杰出的生存智慧，他们以自己的爱心真诚地对待每个人。他们不仅用真诚的心去回报朋友，更能用爱心宽恕敌人。这就是犹太民族的伟大和高尚之处。

以退为进，适时示弱赢得人心

柔弱的芦苇在暴风中弯腰低头，此后又挺直身躯，这是一种自然现象。但是对我们的人生而言，这就是一种处世智慧，人在社会上生活，有时候就需要学会适当地示弱。适当地示弱是一种人生境界。犹太人也经常用"忍一时风平浪静，退一步海阔天空"来勉励自己。只有适当示弱的人，才能将自己的人际关系处理好。

与其他民族的人相比，犹太人在各个方面都表现出了超强的能

力，无论是在金融，还是在科技领域，犹太人都使其他民族的人甘败下风。他们本来没有想逞强的意思，但是由于他们太优秀了，无形之中就让其他人有了压力，所以为了不引起人们的注意，他们就学会了适当地示弱。只有这样才会让别人觉得心理平衡，也只有这个时候，人们才不会把他们作为攻击的对象。在生活中，有些人不懂得适当地示弱，他们没有示弱的勇气，他们认为示弱就是表示自己不行，他们并不了解，示弱并不是表示无能，只是一种渡过难关的策略。示弱会让人积蓄力量，不断地实现自己的理想。古代的时候，人们一直尊崇大丈夫能屈能伸的气度，这就是一种示弱的勇气。

精明的犹太人懂得适当示弱的好处，有时候他们会公开承认自己的短处，把自己某些方面的弱点暴露出来，以这种方式来赢得交际方面的优势。其实，犹太人的这种示弱就是一种精明的交际策略。

有一个硕士毕业的犹太女孩，在一家公司做市场部的经理。她业绩突出、多才多艺，长得也不错，却一直没有找到自己的白马王子，而且在公司的人际关系很紧张，这让她自己也感到不可思议。在职场待了两年之后，她终于明白自己为什么和同事的关系不好了。她现在已经放弃原来抱有的做一个完美女性的信念了。她经常深有感触地说：人在职场应该懂得适当地示弱。

她在两年前刚进入公司的时候，仗着有专业知识的底子，经常向老板提出自己的想法和建议，而且经常加班加点工作。在公司的联谊会上，她能歌善舞，表现非常活跃，引起了人们的注意。在公司工作一年后，她就升职为部门经理，在工作上的表现自是没话说。工作之余，女同事总爱谈一些穿衣化妆的事情，这种时候，她总是直言不讳地将女同事穿着的不足一一指出，并且总是给人提出建议。同事们一起去K歌的时候，由于她唱歌不错，经常是一人唱独角戏。在同事搬家的时候，她甚至可以表现得像男同事一样。她身上似乎没有任何缺点。就在她的事业蒸蒸日上的时候，人们对她的议论开始沸沸扬扬地传开了，有人说她爱出风头，有人说她想表现自己，有人甚至嘲讽地说她就是完美的“神仙姐姐”……虽然事业一帆风顺，但是她明显地感觉到自己被同事孤立了。她根本就进不了同事的圈子，人们经常是看见她过来，就立刻停止任何交谈，让她无尽地扫兴。有一天，她将

自己的心事告诉了一位心理医生，医生帮她分析，认为她是因为不懂得如何示弱才让自己的处境越来越差。一语点醒梦中人，后来，她就不再老是表现得太优秀了，渐渐地，同事发现她其实是一个普通的女孩，在生活中也有各种各样的缺点，大家也开始渐渐地接纳她了。

每个人都不是完美的，太优秀的人就会让人觉得不真实。在人际交往中，学会聆听和关注他人，适当地示弱，不是无能的表现，而是一种人际交往的润滑剂。适当地示弱会让人觉得你更加值得信任，也让人觉得你比较坦诚。示弱不会压垮你的脊梁，相反，它会让你将脊梁挺得更直。

展现热情，做好客之人

每个民族在待客方面都会有自己的风俗，犹太人也不例外，他们也有自己的待客习俗。犹太人非常好客，不仅是对自己的朋友同事，他们对待陌生人也一样热情。

事实上，犹太人的这种习俗是从很久以前留下来的。亚伯拉罕是传说中殷勤好客的典范，他曾经在妻子的协助下，迅速为伪装成流浪者的上帝的三位使者准备了丰盛的晚餐。后来，犹太人就以他为榜样，开始推崇好客的美德。尽管许多礼节并不是犹太人独创的，更多的是从身边的希腊人和罗马人那里学来的，但是比起单纯的礼节，他们更重视的是真诚。

犹太人的这种好客精神也体现在对待旅途中的陌生人的态度上。他们经常会在周末的时候大摆宴席，宴请自己的朋友、同事、亲戚，如果有陌生的路人进来一起吃饭，他们是不会介意的。

巴尤哈尼亚是一位糟糕的主人，他决定举办一次宴会，招待罗马贵族。于是他向拉比以利则咨询。以利则告诉他："如果你打算邀请20个人，那就做好招待25个人的准备。如果你打算邀请25个人，那你就做足招待30个人的准备。"巴尤哈尼亚没有接受以利则的建议，他少准备了一道菜。结果，来了25个客人，可是他只准备了24道菜。他把一只金盘子放在没有菜的客人面前，客人很生气，非常愤怒地

说："难道你要我吃盘子吗？"后来，巴尤哈尼亚对以利则说："我真不该不听你的劝告，你已经告诉我怎么做了，我却没有照你说的做，还觉得你说的是错的。上帝告诉你们如何让客人高兴的秘密了吗？""上帝告诉我们了。""那应该怎么办？""书上写道：当阿伯纳在12个人的陪伴下来到赫布伦的戴维家时，戴维用盛宴款待了阿伯纳和跟随他的人。"

在犹太人的传统里，受到殷勤招待的客人，应该在盘子里留下一些食物，表明主人的招待非常丰盛，超出了需要。如果客人把食物吃光了，就表示主人的招待不是很好。可是，如果主人说："请不要剩下，为什么要把客人吃的好东西，留给狗吃呢？"这个时候，客人应该顺从主人的意愿，将食物吃下去。如果主人不得不把食物喂狗，他就犯了浪费食物的罪。

从这里我们可以看出犹太人是非常好客的，他们的这种好客精神从很久以前就传承下来了，所以犹太人的人缘一直都很好。这为他们经商提供了便利的条件。

犹太人还有一个习俗，就是给人洗脚。洗脚本是一种规矩，后来演化成了一种美德和礼貌。犹太人穿的一般都是草鞋，很容易沾上土，所以当客人进入主人家时，仆人一般都会为客人洗脚。洗脚是一件低贱的事情，一般都由仆人来做，洗脚是为了除去脚上的尘土和污秽。

犹太人的这些传统都经过了世世代代的考验，犹太人一直将其作为优良的传统传递下去。

绝对尊重，不随便拿别人开玩笑

犹太人认为尊重他人的力量非常强大，人与人之间最重要的就是尊重，人与人都是平等的，没有贫富之分，没有高低贵贱之别。犹太人认为耻笑他人是不对的，只有尊重别人的人才会得到别人的尊重。

金钱可以买到任何物质上的东西，却买不来尊重。初入社会的

人，最需要的就是别人的尊重，只有得到别人的尊重，才会更愿意在社会上继续生活下去。犹太父母在孩子很小的时候，就告诫孩子，不要耻笑别人。耻笑别人的人，是没有文化修养的人，这种人不会得到别人的欣赏，无论他在工作方面多突出，他的人格都是不完整的。所以任何人都不应该耻笑别人。

一个犹太人在日本生活了多年，当他开始创业时，他找到一家有名的商场A，委托对方卖他的钻石，但是A商场认为，这根本就是天方夜谭，现在是年关，正是人们需要钱的时候，有谁会去买钻石呢？他们都用嘲笑的表情看着他。但是这位犹太人没有退却，他最终在B商场的一角得到了卖钻石的柜台。虽然这里的位置比较偏，商场提出的条件也很苛刻，但是这位犹太人还是接受了条件。他马上和纽约的钻石商联系，以适合的价格购进了钻石，展开岁末大促销。周围的人都嘲笑他，但是犹太人并没有因为他们的嘲笑而丧失信心。事实果然不出犹太人所料，钻石的销量很好，甚至创造了日销售额3千万日元的记录。顺应这一形势，他在其他的地方也进行了销售，均取得了极高的销售额。最后，A商场看见这位钻石商的销量如此好，不禁为自己的判断失误连连后悔，于是又重新邀请他去A商场卖钻石了。

有些人经常在没有任何经验的情况下去嘲笑别人，看见别人的异常行为就口无遮拦地冷嘲热讽，因为他们只是用自己的观点去看待某件事，他们经常以自己短浅的目光看待具有远大前途的新生事物，历史上这样的事例数不胜数。当蒸汽机船、火车等交通工具问世的时候，人们对它们大加嘲笑。然而在事实面前，这些人不得不低头承认自己的目光短浅。

一位富有的犹太人赶路时，一个穷人向他乞讨一些过安息日的食物，但是富人轻蔑地拒绝了，他甚至认为穷人耽误了他走路的时间。回到家后，他用很轻蔑的语气将这件事告诉了妻子，妻子很生气地训斥了他。原来，妻子小的时候家里比较穷，她始终记得父亲当时为了乞讨安息日的食物，受了多少苦。这位犹太人听完妻子的训斥后，觉得自己做得确实过分了，于是就返回去找刚才的那个穷人，并且为他买了过安息日的食物。“不要耻笑别人”很早以前就被写入犹太人的字典里了。

任何一个有文化有修养的人都不应该耻笑别人，耻笑别人不仅是一种没有文化修养的表现，而且还会让自己的人际关系变得很差，尤其是在生意场上，人们都不会和耻笑他人的人合作。

被耻笑的人，会在心里留下阴影，尤其是自身的缺陷被拿来当笑料的时候，这样的阴影和创伤是一辈子也擦不掉的，所以我们都应该告诫自己不要耻笑别人。人与人之间应该相互帮助和关心，只有这样社会才会越变越美好。

克己复礼，及时调整自己的情绪

犹太人在做生意的时候，最忌讳让情绪左右自己，所以他们在工作的时候，会一直告诫自己，让感情远离，因为如果掺入自己的情绪，就不能理智地分析问题了。犹太人要求自己理智地处理任何事情，他们不会让情绪左右自己。

有些人往往感情用事，经常是想干什么就干什么。情绪好的时候，什么都好说；情绪不好的时候，看谁都不顺眼，很容易做错误的决定。犹太人在工作的时候，经常会将感情放在一边，即使遇到大灾大难，他们也不会大吵大闹，而是在最短的时间内作出正确的决策。犹太人认为既然事情已经发生了，就没有必要抱怨了，他们首先想到的是该如何解决问题。这种办事雷厉风行、不被情绪左右的习惯正是犹太人在漫长的经商过程中培养出来的。

有时候，一时的情绪失控会使自己丧失威信，尤其是在和别人商议事情的时候。1809年1月，拿破仑从西班牙战事中抽身赶回巴黎，他的间谍已经证实他的外交大臣塔里兰正在密谋反对他。一抵达巴黎，他就立即召集所有大臣开会。拿破仑在会上坐立不安，经常含沙射影地指责塔里兰的密谋行为，但是塔里兰始终冷静地对待，对于拿破仑的指责，他始终毫无反应。这时候，拿破仑终于控制不住自己的情绪了，他突然逼近塔里兰，眼神冷冷地说：“有些人希望我快点死掉。”塔里兰依然是不动声色，只是满脸疑惑地看着拿破仑。拿破仑终于忍无可忍，大声对塔里兰嚷道：“我赏赐给你无数的财富，你竟

然如此害我，你这个忘恩负义的东西。”拿破仑说完就扬长而去，留下大臣们在原地面面相觑。这时塔里兰站起来面色冷静地说：“真遗憾，各位绅士，如此伟大的人物今天竟然会这样没礼貌。”拿破仑的失态和塔里兰的冷静立刻像瘟疫一样传遍了全法国，皇帝的威信在人们的心中大大降低。此后，拿破仑的事业一直在走下坡路，与这次的失态显然紧密相关。

想要成功就得学会控制自己的情绪，而不是被自己的情绪控制。在犹太人看来，将情绪带到自己的工作和事业上是一种非常愚蠢的行为，他们一般不会这样做，因为工作上的事情是和金钱直接挂钩的，如果处理不当，就有可能损失一大笔财富。精明的犹太人能在金融方面如此成功，与他们的这种习惯不无关系。他们情绪不好的时候，一般不会将情绪发泄在工作上，而是找个合适的场合发泄自己的情绪。

犹太人认为情绪是很奇怪的东西，好情绪可以引导我们的人生走向辉煌，坏情绪可以让我们败走麦城。情绪可以决定一个人的命运，这句话一点儿也不为过。人无法改变天气，但是可以改变看待天气的心情；人无法控制别人，但是可以通过自己的好情绪，激发对方的好情绪；人无法改变环境，但是可以改变看待环境的角度。同样一束玫瑰，乐观的人看到的是玫瑰靓丽的色彩，迷人的芳香；而悲观的人看到的只有玫瑰花下面的刺。被自己的情绪左右的人是一个不成熟的人，因为他不知道如何掌控好自己的情绪。犹太父母在孩子很小的时候，就引导孩子管理自己的情绪，他们会引导孩子积极地看待问题的另一面。当上帝给我们关上一道门的时候，他会为我们留下一扇窗的。

情绪虽是变幻莫测的东西，但是情绪的主人还得为自己的情绪做主。能成大事之人，必定能控制好自己的情绪，他们能够冷静理智地处理问题。而不能成大事的人，只会按照自己的情绪办事，有些事情就会在自己愤愤不平的情绪中，变得更加糟糕。所以，要想成就一番大事业，首先就要锻炼自己控制情绪的能力。遇大事而临危不乱，遇小事而处事不惊，这样的人终能成事。

第12章

处世心机，低调且有远见的犹太人

思想家： 马克思　弗洛伊德

艺术家： 毕加索　斯皮尔伯格

科学家： 爱因斯坦　奥本海默

商业奇才： 洛克菲勒　摩根　巴菲特　格林斯潘

政界要人： 托洛茨基　基辛格　古里安　奥尔布赖特

多赞赏他人，让自己有好人缘

人都喜欢听好话，赞扬自己的话，谁都爱听。但是，赞扬别人是一种学问，有些时候得掌握好分寸。会赞扬别人的人，会使对方心花怒放；不会赞扬别人的人，不仅得不到表扬，有时候还会适得其反。

真心地赞扬别人其实就是欣赏别人的优点，经常发现别人优点的人是积极乐观的人。有些人认为赞扬别人就是说一些奉承话，其实这是一个误区。有些奉承话的确让人听了很舒服，这种奉承就被认为是恰当的表扬；有些奉承话却让人一听就是假话，这就是我们常说的拍马屁拍到马蹄子上了。犹太人提倡发自内心的赞美。犹太人有一句名言：“唯有赞美别人的人，才是真正值得赞美的人。”会赞扬别人的人，才能在工作上和人顺利相处，只有这样才能拥有好人缘。

人都是渴望被理解和赞同的，犹太人的《羊皮卷》中，曾经这样说过，如果你认同一个人，就将他的优点大声地说出来。这样既能让他有个好心情，还能让你们的人际关系变得更好。

犹太人巴米娜·邓安负责监督一名清洁工的工作，这位清洁工的工作做得不好，很多员工经常嘲笑他，还故意把各种垃圾扔到走廊里。这位清洁工的压力非常大，他实在没有信心做好工作了。巴米娜想了很多的办法，想提高他的工作质量，但是效果并不好。有些时候，巴米娜发现其实这位清洁工也能把某些地方打扫得很干净，于是她就对此大加赞扬，这位清洁工就会很高兴，而且也更有动力将其他的地方打扫干净。这时候，人们开始关注起这个清洁工来，对他的态度渐渐变好了，这位清洁工也能将工作做好了。巴米娜发现这个方法很好，于是就用同样的方法赞扬和鼓励他人，结果效果很好，人们和她的关系也越来越好。巴米娜总结道：批评和责骂不仅不会将问题解

决，反而还会导致更多的问题出现，它只能让人们之间的关系越来越差。只有赞扬和鼓励能和谐圆满地将问题解决。

不要小看赞扬的力量，说者无心，听者有意，一句小小的赞扬就可能改变一个人的一生。有些人认为赞扬别人好像是一种投机的行为，觉得君子应该坦坦荡荡地做人，而不是用一些赞扬的恭维话博得别人的好感，这样的做法让他们觉得很“小人”。其实他们完全没必要有这种顾虑，因为人们早已经将赞扬别人作为一种合适的、常用的交往方式在生活中运用，并且人们发现用这种方式可以使双方的关系变得更好。既然赞扬别人是一门学问，那我们就应该努力将这门学问做好。

犹太人在赞扬别人的时候，经常会注意一些细节。首先，赞扬别人的时候一定要真诚，这是极为关键的，不真诚的赞扬往往会让人觉得很肤浅，觉得这只是单纯地恭维对方，不仅不会有什么好效果，反而会惹人生厌。其次，要赞扬行为本身，不要直接赞美人，这样可以避免使人尴尬、混淆概念等弊端。比如，与其说“嘿，汤姆，你这个人太棒了”不如说“汤姆，这次你提的建议真的很棒，对公司的未来有很好的定位”，前者会让人感觉如坠云雾，甚至自己可能还不知道到底发生了什么事情呢。再次，赞扬时要具体实在，不宜过分夸张，比如，“珍妮，你太漂亮了”这句话可能不如“珍妮，这件衣服实在是太适合你了”效果好，后者更具体，也会让人觉得更容易接受。最后，赞扬一定要及时，不要事隔很久才想起这档子事，过期的赞扬又有几分可信度呢？

总而言之，赞扬别人是一门智慧，适当的赞扬会让人更加信心百倍地投入工作。赞扬别人不仅会给他人带来欢乐，同时也会让自己变得更加充实、乐观。

揭人不揭短，学会体谅他人

每个人都有自己伤心的过往，这段过往，成为了一道伤疤被人们隐藏在自己的内心深处，没有人愿意自己的伤疤被人揭，同样，己所不欲，勿施于人。在与人交往的时候，最忌讳的就是

揭人伤疤。犹太人也将这一条列为他们人际交往的一项重要的交际规则。在与人交往的时候，最重要的是体谅别人。体谅别人，就不会提及让人感到不快的话题。揭露别人尽力掩饰的伤疤，就像是在汩汩流淌血液的伤口上上撒了一把盐。

在犹太人的生活中，流传着瑞什·拉吉什和拉比乔纳森的传说。拉吉什是一个魁梧、强壮的男人，年轻的时候曾是著名的角斗士，经常和野兽搏斗。后来，乔纳森说服他放弃了角斗场上与野兽为伍的生活，去学习法律，最终成为三世纪在巴基斯坦与乔纳森齐名的学者。在拉吉什还是一个角斗士的时候，有一天乔纳森在约旦河里洗澡，被拉吉什看到，于是他也跳进河里，来到乔纳森的身边，乔纳森对拉吉什说："你的力量应该贡献给对《律法书》的研究。"拉吉什说道："那么你的美丽应该贡献给妇女。"乔纳森并没有生气，他对拉吉什说："如果你向神忏悔，我就让你娶我的妹妹，她比我还要美丽。"拉吉什心动了，于是就向神开始忏悔，乔纳森果然遵守约定，于是就将自己的妹妹嫁给了拉吉什。拉吉什在乔纳森的帮助下，学会了《圣经》还有《注释》，并最终成为了一个大学者。拉吉什渐渐地取得了成就，得到了很多人的赞同。当他和乔纳森齐名的时候，一次两人因为讨论什么样的东西才是不洁之物的时候，发生了激烈的争吵。乔纳森认为凡是在熔炉中锻炼过的东西都是不洁之物，而拉吉什则认为浸过水的都是不洁之物。因为他们相识的时候就是在水中，乔纳森认为拉吉什这是在侮辱他，于是他就说："强盗懂得自己营生。"他的意思是暗示拉吉什以前是强盗，拉吉什听见乔纳森这样说，感到非常的愤怒，于是就大声说道："你对我有什么帮助，在罗马的竞技场上，我被称为大师，在这里我一样被称为大师，你对我有什么帮助？"乔纳森非常生气，如果不是当时自己苦口婆心地让他来学法律，如果不是自己细心地讲解与教导，他能有今天吗？乔纳森受到了很深的伤害。这场争论最后演变成互揭伤疤的一场争斗。后来尽管拉吉什认识到了自己的错误而向乔纳森道歉，但是乔纳森坚决不肯原谅拉吉什，就这样拉吉什病倒了，最后郁郁而终。拉吉什死后，乔纳森陷入了无限的沮丧之中，他为自己没有原谅拉吉什而痛苦。就这样不久之后，他也过世了。

拉吉什和乔纳森的故事带给人们很多的教训，它让人们知道了揭人伤疤的坏处，揭人的伤疤、互相伤害，它会使朋友之间反目，会让人们深深地悔恨自己的过失，自己的知心朋友会离你而去，自己的爱人会一去不返，这样的结果是非常让人受打击的。揭一个朋友的伤疤，有可能都会让人丧命，那如果是一个不怎么熟识的人，又会产生多少怨恨呢？

人际间最难以忍受的不是身体上的伤害，而是心理上的。心理上的伤疤一旦被人揭开，这样的伤害是会影响人一辈子的。恶语伤人六月寒啊。

犹太人在与人交往的时候，就非常注意自己的言辞，他们不会图一时之快，口无遮拦地揭人伤疤。没有人能彻底忘记别人对他的羞辱，即使这个人有恩于他，即使他们原来是多么好的朋友。不要以为你对某人很熟悉，你们之间就可以肆无忌惮地开玩笑，随意的拿别人的缺点、伤疤开玩笑，这样的玩笑往往到最后的时候，会伤害到朋友的人格、尊严，往往会违背了玩笑的初衷。犹太人很在意不要揭人伤疤这件事情，这既是对人的尊重，同时也是对自己言语的负责。心灵上的伤疤是一辈子都会存在的，不用别人的提醒，在相似情景出现的时候，它依然还会泛着隐隐的痛，让你不能忘怀当时的痛苦经历。不管是人，还是一个民族一个国家，心灵上的伤疤，永远都会存在，有些人经常做的事情就是揭人的伤疤，他们认为这样可以吸引人的眼球，丝毫不知道，这纯粹就是一次对人心灵的再次折磨。

任何一个有修养的人，都不应该揭人伤疤。

言出必行，做有信誉的人

言行不一是任何人都不喜欢的行为，犹太人十分厌恶这种行为。言行不一的人，不能得到人们的信任，这样的人做事的时候，根本就不会负责任。他们往往是说一套，做一套，这样的人，无论是在生活中还是工作中，都不值得信任。与这样的人交往合作，是一件非常冒险的事情。

日本人给人的印象是经常开一些口头支票，在日本人看来，这其实就是应景的搪塞话，不能当真。但是犹太人认为，即使是口头的允诺，也是一种契约，说话者有责任兑现说过的话。犹太人严格履行契约是出了名的，这在世界上有口皆碑，他们经常是言必信，行必果。

纽约大学有意设立一所日本经济研究中心，他们计算的费用是300万美元，美国决定让日本出一半的资金，于是纽约大学就派一位犹太籍的学生去进行劝说。这位学生对日本的首相和金融领袖进行了游说，日本方面对此的反应也非常大。日本方面最后对此作出回应："办这样一个经济研究中心，对日本来说是一件好事，这样不仅可以消除美日之间的摩擦，还能增进双方之间的友谊，日本方面对研究中心的建立一定会大力支持。"这位犹太籍学生高高兴兴地回去了。一年后，这所研究中心开始建设，这时美国已经筹集齐了150万美元，于是就向日本要另外一半的资金，但是日本方面始终在拖，他们根本就不愿意出一分钱。纽约大学的校长没有明白，当时日本方面的回复，只是搪塞之词，根本就没有想过兑现。校长一怒之下，就去了日本驻美大使馆，强烈谴责日本出尔反尔的行为。日本人的信用真是太让人寒心了。

其实，日本如果真的有财政上的困难，完全可以当面说清楚，这样对方肯定也能够体谅。一个国家如果言行不一，国际形象就会毁于一旦。所以无论是个人还是国家，最忌讳的就是言行不一。

在商场上，交往和合作往往是不可缺少的，一个商家最重要的就是信誉，信誉一旦被毁，往往很难恢复。犹太人对于合作伙伴的挑选是非常严苛的，他们最看重的就是对方的诚信。对于言行不一的人，无论对方的实力多么雄厚，他们都不会与对方合作。犹太人在商场上的成功与他们这种重信用的观念有着十分密切的联系。

犹太父母同样十分重视对孩子言行一致的教育。他们认为，对孩子小时候的教育会影响孩子的一生，这个时候就应该让孩子树立言行一致的观念，所以犹太人从小就培养孩子言行一致的好习惯。

犹太人言行一致的观念是每一个人都应该学习的，只有言行一致，才能守信用。即使是口头承诺，也应该尽力去兑现。不经意间的许诺能否兑现，恰恰就能看出一个人值不值得深交。

犹太人经常会告诫自己，只要定下契约，哪怕只是口头的契约，就要努力将其实现。如果一开始就没想过要兑现承诺，那么就完全没必要说出这些话。犹太人最不能容忍的就是言行不一的行为。犹太人言行一致的观点值得我们每个人学习。我们以后在与别人交往的时候，一定要对自己的话负责，不要作出不打算兑现的承诺。

可以精明，但要绝对坦荡

犹太商人精明的原因有很多，最重要的一个原因是他们对精明的态度，他们认为精明是值得推崇和欣赏的。这就像他们对待金钱的态度一样，明目张胆地推崇，丝毫不去理会别人对他们的评价。这就是犹太人对精明的态度，就是这种态度，让他们在商场上如鱼得水，处处赚取利润。精明不属于性格范畴，而是一种处理具体事务时的心态和智慧。

犹太商人的精明不仅局限在商务活动中，还贯穿在他们生活的点点滴滴中。一般商人讨价还价的目的是为自己节省更多的钱，而犹太商人的目的不仅如此，他们认为一次成功的讨价还价，不仅可以为自己节省金钱，还能使自己更有信心并且打击对方的信心。

作为买方的犹太商人在讨价还价的时候是非常狠心的。为了达到目的，他们不停地挑对方商品的毛病，哪怕这些毛病根本就不存在。在这样凶猛的攻势下，很少有商人能够招架得住，最后败下阵来的，往往是卖方。

作为卖方的犹太商人在出售自己的商品时，会先制定一个价格底线，然后漫天要价，绝不会轻易作出让步，一点儿一点儿地消耗对方的精力和意志。当你看见他们一副可怜相地向你出售商品时，千万不要被他们的可怜相迷惑，说不定他们心里正在哈哈大笑呢。这些经验都是犹太人在经商过程中摸索出来的。

犹太商人的赚钱理念是钱生钱而不是人省钱。犹太人在商业上的精明到了无以复加的地步，成本能省一分是一分，价格能高一点儿是一点儿。利润一定要算税后利润，以免白白为税收做贡献。

犹太人对精明的推崇众所周知，他们的精明还表现在对数字的敏感上。犹太人对数字特别敏感，而且犹太商人在经商之前都要进行心算能力的培养与练习，这样他们在经商的过程中，就能占据更多有利信息。在与人谈判的时候，哪怕是一分一厘的利润，他们也会费半天口舌将其拿下。

在对金钱的占有上，越富有的犹太商人越将其精明展现得淋漓尽致。不要以为他们富有了，就不在乎小钱了，就算是1美元，他们也会斤斤计较。

世界第一商人的称号，犹太人当之无愧。商人应有的精明，在他们的身上展露无遗。每一个商人都应该学习犹太人这种精明的商业策略。精明不是处心积虑地陷害别人，也不是设计坑骗别人，而是一种堂堂正正的经商策略，它与耍心计是不同的，只有拥有堂堂正正的精明才能不断地在商场上取胜。

学会预测，凡事都要有远见

“凡事预则立，不预则废”，这是我们的古人教导我们的一句箴言。在犹太人的法典中，犹太的先哲们也曾告诫自己的子孙，看待事物一定要有远见，不要将眼光只局限在目前的微小利益上。在挑选自己要从事的事业时，一定要有远见，只有这样才能找到自己一段时间甚至终生要从事的事业。

只有拥有远见的商人，才能在寻常的事物中看到不寻常的商机。只有这样的人，才能引导世界的潮流，也只有这样的人，才能在历次的经济大潮中，永远处于中流砥柱的地位。他们的远见卓识也给他们带来了丰厚的利润回报。

俄国出生的犹太人萨尔诺夫，九岁的时候跟随父母移居到了美国，由于家境清贫，他没有钱去读书。就算是读小学的时候，还要经常趁着节假日和放学后，做一些工，挣点钱贴补家用。他小学毕业的时候，他的父亲积劳成疾，过早去世了，家里一下子失去了主要的经济来源。萨尔诺夫只好辍学去工作。对于自己的艰辛处境，他没有埋

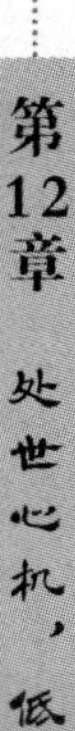

怨父母，而是更加勤奋地工作，把自己挣到的钱全部用来养家。他经常用剩下的几角钱为自己买点便宜的书自学。几经周折，萨尔诺夫终于在一家邮电局里找到了一份送电报的工作，他发誓要学会发电报的技术，以后当一个电报业的老板。现在，虽然电报早已经过时了，但是在当时，电报业才刚刚开始兴起，还是当时的先进科技。萨尔诺夫很有眼光，他发现电报业的前景非常好，并且下定决心要勇攀这座高峰。于是他就开始努力学习，白天上班，晚上下班以后去读电工夜校。他的勤奋博得了老板的赏识，地位逐渐得到了提升。经过十年的艰辛努力，他终于迎来了胜利的曙光，他的老板为了拓展业务，分设了美国无线电公司，萨尔诺夫被委任为总经理，此时，他已经四十出头，终于可以大展拳脚了。后来，经过不懈努力，他终于成为了美国无线电工业的巨头。

一个有远见卓识的人往往是有大目标的人，正所谓伟人看到的是志向，凡人看见的是愿望。有远见的人看见的是整个世界，没有远见的人看见的只是眼前的一亩三分地。只有看见别人看不到的事物，才能做出别人做不出的事情。作家乔治·巴纳说："远见是在心中浮现的将来的事物可能或者应该是什么样子的图画。"只有有远见的人才能预测自己到底能飞多高，能飞多远，该往哪里飞。远见是心中目标对自己的召唤，它会引领着你不断地走向自己初定的目标。远见在我们的心中勾勒出一幅美景，让我们不断地从一个成就走向下一个成就。

只有有远见的人才能在人生的路上越走越远，所以看待事物的时候，一定要锻炼自己的长远眼光。有远见的人能根据当下的趋势对未来作出明智的判断，这就要求人必须要有知识。所以要想让自己变得更加富有远见，就要不断地学习。

犹太人的成功经验告诉我们，人要想成功，远见是不可缺少的，所以如果想让自己的事业取得成功，一定要多学习，多留意经济的发展趋势，对自己以后要走的路，一定要心中有数。

避免张扬，运用低调的智慧

曾经有这样一副对联，上联是“做杂事兼杂学当杂家杂七杂八尤有趣”，下联是“先爬行后爬坡再爬山爬来爬去终登顶”，横批是“低调做人”。这副对联概括了一种做事方法，那就是人要成事，就得低调做人。大张旗鼓搞宣传，还没有做事就已经开始显摆的人，结果往往是雷声大雨点小。犹太人主张低调做人，高调做事。在二战时期的反犹浪潮中，犹太人就已经知晓了做人要低调。只有低调，才不会无端被卷入是非中，只有低调，才不会成为众矢之的；只有低调，才能成就一番事业。

《塔木德》中曾说：“竖起桅杆做事，砍倒桅杆做人。”这句话本来是航海时的一个道理。竖起桅杆，就可以加快船的速度，从而加速航行；当遇到暴风雨时，就应该砍倒桅杆，降低重心，以保住人的性命。这句话几经演变，就成了人生的真理。只有低调做人的人，才能成就一番事业。

一个叫强尼的犹太人，从小就想开一家属于自己的餐厅，只是苦于没有资金。有一天，他看见一家中级餐厅在招服务员，就前去应聘，没想到还真应聘上了。于是他就想到自己应该从小事做起，这样才能一步步地实现梦想。就这样，他成为了一个小小的服务员。这家餐厅是一对夫妻开的，夫妻相继去世后，就留给了两个儿子打理。由于强尼工作努力，又比较勤奋，没过半年时间，就当上了餐厅的大堂经理。这时他的权力也逐渐大了起来，不仅自己挑选服务员，而且每次都亲自去进货。虽然餐厅的老板是兄弟两人，但是餐厅的主要负责人其实是强尼。后来，强尼将餐厅的主要事项基本摸清以后，就向老板提出想将这家餐厅买下来。两个老板一听非常惊讶，因为他们觉得强尼非常忠实地在餐厅做事，一直都很低调地负责餐厅里的大小事务，他们怎么也没有想到强尼竟然会将这家餐厅买下来。强尼提出的报价是270万美元，最终他以分期付款的方式将这家餐厅买了下来。后来他又开了几家连锁店，生意越来越好。

强尼正是因为低调做人，才能将餐厅的所有权归到自己的名下。如果他一开始就表现出做老板的想法，胡乱显摆，估计干不了几天就被人扫地出门了。越是功成名就的人，越是低调做人的典范；越是能低调做人的人，越能在关键的时候成就一番事业。

低调做人是一种人生境界，一种姿态，一种风度，一种修养。一个整天往自己脸上贴金的人，未必就是真正有内涵的人。

低调做人的人，经常在暗中积累自己的实力和力量，厚积薄发。我们中国也十分欣赏这种韬光养晦的策略，只有具有这种气度的人，才能在某个领域做出骄人的成就。

犹太人不喜欢高调地将自己暴露出来，凡是有成就的人，都会将自己的实力隐藏起来，只有这样，才能积蓄更多的实力。高调做人的人，一般都比较肤浅，这样的人，不会有什么内涵。一个整天想着如何让自己出名的人，能有多少时间去做自己应该做的事呢？

学会质疑，谨慎地审视一切

犹太人经常抱着怀疑的眼光看待周围的一切，他们做任何事情都具有怀疑的精神。怀疑的精神不仅能用在治学上，在其他方面也一样适用。事实证明，怀疑精神是一个民族不断前进、不断创新的保障，一个具有怀疑精神的民族才能不断地前进，一个没有怀疑精神的民族只能在时代的不断进步中，逐渐退出历史的舞台。

犹太人经常用怀疑的眼光审视周围的一切。他们可以怀疑书本上的知识，可以怀疑某人说过的话，可以怀疑权威，可以怀疑他们认为值得怀疑的所有东西。

犹太人的怀疑精神是从小被培养出来的。犹太父母在孩子很小的时候，就鼓励他们要经常提出疑问，犹太父母认为，怀疑精神是孩子一生的财富。

由于犹太人在很小的时候就经常提出问题，所以他们长大以后，更是用怀疑的眼光审视周围的一切。他们的思路不会局限在现有的一种方法上面，而总是想：“难道就只有这一种办法吗？难道就没有更

好的解决办法了吗？他说的是对的吗？怎么证明呢？”然后，他们会针对自己提出的问题，找出问题的答案。就是因为具有这种怀疑的精神，所以他们经常会做出一些其他人无法做出的成就。犹太人经常从传统的思想中积累知识，但是他们不会被传统的思想所束缚，他们敢于怀疑一切他们所接触的东西。一位学者指出，许多犹太民族的天才思想家，在不同程度上都是犹太传统的叛逆者。他们敢于提出自己的意见、不满和质疑。

犹太人经常说的一句话就是：“怀疑要比盲目的信仰更值得肯定。”已经庸俗化的道理，几近于偶像，因为它已经成为某种刻板模式。其信奉者的行为也近乎于偶像崇拜，而偶像崇拜正是犹太人最反对的，“摩西十诫”中就有“不可造偶像”的律条。没有怀疑精神的人，只会盲目信从书中所说的东西，根本就不会有自己的思考，他们只是重复着人云亦云的说法。如果根本就没有思考，又怎么能提出质疑呢?

有怀疑，就会有发现；有批判，就会有创建。人类的历史、科技之所以能不断地发展，就是因为人类有怀疑精神，有了怀疑精神，就会有创新。怀疑不断，创新当然也会不断。小到一个公司，大到一个国家，只有不断地怀疑，才能不断前进。当思考中止、怀疑消失时，这个公司或国家就会停滞不前了。

别在似懂非懂中掉入陷阱

现在社会上经常会有一些不明不白的事情，弄得人一头雾水。有时候，一些骗子就是利用这种不明不白的事情，骗取别人的信任，从而大发横财。犹太人非常警惕这种事，他们在做任何事情的时候，都要先将事情搞清楚，不做不明不白事，省得到时候让自己后悔。

犹太籍新闻评论员沃尔特，在谈自己小时候的经历时，对母亲教导他要警惕不明不白的事情的经历记忆犹新。他小时候住在休斯顿。一天，他在一家百货商店看到了一块表，这块表的售价是一元。由于自己身上没有钱，而且也不可能在短时间内筹集这笔钱，于是他

请店主先把这块表给他，然后自己再分期付款，这位店主同意了。第二天，沃尔特将这件事情告诉了母亲，他的母亲坚决反对这种做法，在她看来，这是在利用别人对自己的信任。于是，她付钱将表买了回来。母亲买回表以后，就对他说道："难道你不明白吗？你想买一块表无可厚非，但是你完全不知道该怎样挣这笔钱，尽管你并没有想要撒谎，可是你在这件事上太轻率了，你应该知道这是一件不明不白的事情。沃尔特，你应该记住，不明不白地处理事情，只会让事情变得更糟。"母亲将手表拿走了，直到沃尔特挣够了那笔钱，那块表才属于了他。后来，沃尔特经常想起这件事，他觉得母亲的话，就像是箴言，一直在陪伴着他。后来，沃尔特成为了一位新闻评论员，他一直告诫自己，要警惕不明不白的事情。

当遇到模棱两可的事情时，应该提醒自己多加注意，就像古人说的"害人之心不可有，防人之心不可无"。有些人就是利用模棱两可的语言编造谎言的。有些事情经常是刚出现的时候被吵得沸沸扬扬，一段时间以后，就会销声匿迹，事情的结果变得不明不白。经常有人用这样的方法炒作一些原本清晰无比的事情，用一些不明不白、模棱两可的语言，含糊地交代一些事情。如果对这样的事情追究到底，结果也许会让人瞠目结舌。

犹太人一直警戒他们的族人，要警惕不明不白的事情，在做任何事情的时候，都要将事情的来龙去脉搞清楚，以免上当。在商场上，有些商家为了赚取不正当的暴利，将一些条款说得模棱两可，如果不经任何调查就直接作决定，很有可能会后悔。犹太人在与人打交道的时候，经常会不厌其烦地问遍所有的细节，如果有书面契约，他们更会对其进行彻底分析，他们会在每个小细节上花费不少工夫。这样做一方面是为了确保自己的利润，另一方面是为了研究对方所提方案的真假与可行性。每个与犹太人打过交道的人，都觉得和犹太人打交道简直要脱层皮。因为他们凡事都要仔细研究，他们不会做不明不白的事情。

任何人遇到不明不白的事情时，一定要提高警惕，不要轻信对方的一面之词。遇到不明不白的事情，一定要提高警惕，这样不仅可以保护自己，同时对于他人而言，也是一种警示。

第13章

投资理财，犹太人让金钱更有价值

思想家：马克思　弗洛伊德

艺术家：毕加索　斯皮尔伯格

科学家：爱因斯坦　奥本海默

商业奇才：洛克菲勒　摩根　巴菲特　格林斯潘

政界要人：托洛茨基　基辛格　古里安　奥尔布赖特

不会理财必然会受穷

犹太人经常说的一句话是“赚钱不难，花钱不易”。确实如此，在犹太人看来，行行可赚钱，只要做的好，赚钱不是难事，但是会赚钱的人却不一定会花钱，只有会理财的人，才能将自己的钱花得恰如其分，同时又能更有动力和信心去赚取更多的钱。犹太人认为，赚钱重要，理财更重要，理财的成败，直接决定着自己事业的成败，会理财就是会赚钱。

理财就是管好、用好钱财，使其发挥最大的效用。犹太人的理财不同于其他人，他们理财的目的是用钱赚更多的钱，用余钱进行投资，使之产生最佳的效益，也就是用钱生钱。此外，犹太人理财还是为了从财务的角度进行人生规划，利用现有的经济条件，最大限度地提高自己的人力资源价值，为职业发展作准备。

犹太人在研究了成功商人的致富之道后，发现了理财的五个法则，每个法则都是创造财富的法宝。这些法宝能使你拥有的财富增加5~10倍。

理财的第一法则是要有理财的意识。比如，我怎样才能在这家公司里更有价值？我怎样才能在短时间内创造更大的价值？什么方法可使公司在竞争中更有优势？

理财的第二法则就是不要让自己的支出超过收入。否则，不管自己有多少钱，也无法存下来。

理财的第三个法则是不断地增加你的财富。如果你想加快自己致富的速度，就用自己以前赚的利润再进行投资，而不是将其花掉。这样做就会让自己的钱利滚利，钱就会成倍地增长。

理财的第四个法则是保护你的财产。有些人有钱以后，就会对自己的财产越来越不放心。因为人一旦有了钱，各种各样的控诉也会跟

着涌来。其实这没什么好担心的，“是福不是祸，是祸躲不过”，只要现在还没有官司缠身，就赶紧将自己的钱袋捂起来，赶紧用合法的渠道将你的财产保护起来吧。

理财的第五个法则是懂得享受财富。犹太人懂得享受生活，他们挣钱的目的就是为了享受生活，所以他们经常犒劳一下自己，让自己有动力去赚取更多的财富。如果经常出其不意地给自己制造一些小奖励，会让自己对理财更有信心。

犹太人经常将理财看得和赚钱一样重要，甚至更甚于后者。无论赚多少钱，如果没有好的理财观念和方式，再多的钱到最后也会被挥霍一空。好的理财方式会让自己的钱越来越多，这样的理财方式不仅能为自己积累未来的财富，还能为自己退休以后的生活打好经济基础。

犹太人花钱自有一套方法，据说现在被大家推崇的“信封法”就是犹太人发明的。这种方法是指每个月领到薪水的时候，先准备用来储蓄和投资的钱，放入第一个信封，这笔钱是不能动的，因为这是未来的钱。第二个信封里放伙食费，用于本月的伙食开支，严格控制开销。第三个信封命名为文化生活和社会交际，里面的钱先用于保证必要的人情往来和应酬，剩下的就是犒劳自己的花费，买些书或者看场电影……当然，信封只是个形式，关键还是自己的理财意识，不管是孩子上学的花费还是妻子的化妆品钱、丈夫的酒钱，都不能动用用来投资的钱。

犹太人不仅是一个会挣钱的民族，更是一个会理财的民族。要想管理好自己的钱财，一定要控制自己的花销。犹太人的理财意识就给我们上了一堂理财课，他们节俭的精神，他们投资未来的毅力和恒心，值得我们每个人学习。

没有理财意识的人，现在赶紧动手管理自己的钱财吧！理财越早，获利就会越多。如果实在不懂理财，就赶紧给自己充电，也可以找一个专业的理财专家为你指点迷津。

只有会管理自己的钱，才能更加放心地去赚钱。

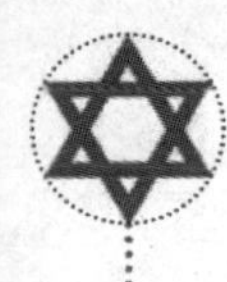

未雨绸缪，学会点滴的储蓄

《塔木德》告诫人们：“不要在夏天的吃喝玩乐中用掉你的钱，要想着积蓄下来冬天买柴烧。”“青年的时候没有积蓄，那么到老的时候，你能有什么？”在犹太人的传统中，积蓄钱财是一种美德，他们不会将钱花光，让自己两手空空。犹太人不仅会做生意，还善于积蓄，他们不会将自己的钱挥霍掉。

犹太人一直都是很节俭，他们一般不会大手大脚地花钱，而是会将自己的钱不断地积蓄起来。美国人希尔伯曼在《一个特殊的民族》一书中指出，犹太人“积蓄钱财不是最终的目的，而是达到目的的一种手段，如为自己开创事业，让小孩创业，或者是让孩子多读几年书，以便从事一种专门的职业”。由此我们可以看出犹太人的精明，他们存钱不是目的，他们认为存钱一方面可以控制自己的花销，开源节流；另一方面可以用省下的钱去做其他的事情，积蓄钱财只是为了实现更远大目标的手段而已。

犹太父母在孩子很小的时候，就教给他们理财的知识。孩子很小的时候，就知道将自己的钱积攒起来，用复利的公式计算，小钱渐渐会变成大钱的。犹太人经常会将自己领到的工资，拿出20%存起来，这样坚持下来，就会收到积少成多的复利效果。举例来说，假如每个月的工资是3000元，把其中的20%也就是600元拿出来作为定期定额基金，以平均利率为15%计算，投资10年的收益约有16万元，这不但是一笔可观的资产，同时也是一种保障。所以，无论国内外的环境如何变化，他们存钱的习惯都不会改变。

这同时也让我们见识了犹太人的坚持和毅力，他们将这些存起来的钱称为明天的钱，无论遇到什么情况都不能花这笔钱，这样的坚持和毅力，也让他们收获了可观的回报。

有些人之所以不能将储蓄当做一种习惯，不是因为他们赚钱少，而是因为他们不知道如何将钱省下来。现在，有很多“月光族”，他们根本就不懂理财，完全不知道自己的钱用在了什么地方，是如何花

出去的。这样的人，又怎么会每个月拿出一部分钱存起来呢？犹太人每月都会将一定的钱雷打不动地积蓄起来的习惯，值得我们每个人学习，尤其是不会理财的“月光族”。

现在人们经常说的一句话是：“你不理财，财不理你。”不要以为自己还年轻，没有必要现在就存钱，现在赚的钱只要够自己的开销就可以了。这其实是一种错误的理财观念。

一位犹太专家说过：“很多人会为自己的低收入而苦恼抱怨，断定自己不会成为富翁，一旦存在这样的想法，就算以后这个人的收入再多，他也成不了富翁。因为他根本就没有将小钱放在眼里，也不懂得水滴石穿的道理。”所以，我们完全没有必要因为现在赚钱少，就觉得自己根本不会因为积蓄成为富翁。我们应该改变这种错误观念。即使现在的收入不高，只要合理控制自己的花销，一样可以挤出用来储蓄的钱。

考虑一下节约吧！有些人一看到节约就会想到清苦的生活，忍不住心生反感，大不认同，尤其是一些刚进入社会的80后、90后。但是，想想自己以后要走的路，要还的房贷、车贷，甚至退休以后的生活，你真的觉得不用积蓄就能快乐地生活吗？

聪明的你不要再犹豫了，将储蓄当做一种习惯，每个月都为自己的未来存下一笔小小的资金吧！这些钱会在几十年以后为你出大力的。

看准时机才能投资致富

犹太人的理财观点是用钱生钱，他们认为，只有不断投资，钱才会越变越多。他们认为，只要手中还有钱，就应该继续投资。

犹太人经常会从工资中拿出一笔钱用来投资。投资就像是一条小溪，常年流淌，最终会汇集成一条大河。只有不断投资，才能实现利滚利、钱生钱。

据权威调查显示，世界上的亿万富翁中，有10%是通过继承遗产

致富，89.99999%是通过投资致富，只有一个人是通过收藏致富的。一些成功的犹太商人就是通过不断地投资才成为世界上的商业巨头的。一些成功的犹太商人经常会选择时机进行投资，其投资的理念总结起来其实很简单，就是购买价值被低估的东西，然后坐等它升值。价格越低，投资的时机越好。

犹太商人就是这样不断地将钱用来投资，以赚取更多钱财的。不要以未来的价格走势不明确为借口而延后你的理财计划。每次价格上涨的时候，人们总是后悔没有事先投资。价格上涨前，是不会有任何征兆的。对于那种短期无法预测，而长期具有高预期回报率的投资，最安全的策略就是先投资，再等待机会，因为机会一旦错过，就不会再回来了。

很多人觉得投资理财不容易，所以迟迟不敢将自己的钱财拿出来进行投资。一位犹太理财专家告诫想要投资理财的人："投资理财与你的学问、智慧、技术和预测能力无关，只看你能不能做到投资理财该做的事。做对的人，不一定有学问，也不一定懂技术，也许他很平凡，却能致富，这就是投资理财的特色。投资理财不需要什么专门的知识，只要肯运用常识，并且不断地身体力行，必有所成。看准时机，不断投资，不要因为觉得时机不好就不敢投资。很多的犹太商人都会选择经济不景气的时候，不断地进行投资，然后等待时机让它不断升值。"

这位犹太理财专家的话很正确，投资理财不是一件神秘的事情，只要看准时机投资，就会取得成功。

18~19世纪，正值欧洲工业革命、法国大革命时期，梅耶·罗斯柴尔德利用这一千载难逢的机会，把资金和情报与自己的智慧相融合，纵横于英国、法国、德国等欧洲各国，进行紧俏物品的投资买卖。另外，他还不惜斥巨资开设银行，投资铁路、矿业等。梅耶把自己的五个儿子分散在伦敦、维也纳、法兰克福、巴黎和那不勒斯五个城市，分别开设了公司，这五个儿子也很争气，他们很快就使罗斯柴尔德家族成为了一个跨国大财团。

如果当时不是因为罗斯柴尔德选择时机进行投资，就不会有后来的罗斯柴尔德金融帝国。犹太人经常能够选择恰当的时机进行大量投

资，再收回丰厚的利润。罗斯柴尔德家族就是凭借这一商业谋略在商场上叱咤风云的。

不仅是企业，个人也应该有这样的意识。理财不是一件短期见效的事情，而是长期投资才能获益的。投资理财不仅会让自己的资产不断升值，而且自己的收入也会逐渐增多。

精明的犹太人早就看到投资理财的好处，所以他们不断地将钱拿出来进行投资理财，投资理财也被他们看做赚钱发财的有效途径。如果我们也想让自己的钱财逐渐增多，就应该看准时机，进行投资。

渴望金钱，就要学会拿钱做生意

犹太民族是世界上最会赚钱的民族，他们的高财商是举世公认的，他们对金钱的渴望无人能及。只要他们手中有钱，就会将钱拿去做生意，只有这样自己手里的钱才会越来越多。

20世纪50年代，日本被美国占领。在驻日本的联合国司令部里，犹太士兵总是无端受到多方的歧视，根本就没有任何尊严可言。犹太士兵虽然心里窝火，但是也无可奈何，因为毕竟自己人的数量太少。有个叫威尔逊的犹太人，由于军衔低微，更是受尽了他人的嘲笑和歧视，大家都看不起他，经常在背地里议论他。威尔逊省吃俭用，攒下了一笔钱。他发现其他士兵花钱大手大脚，经常是还没到发薪水的时候就囊中空空了，于是就将这笔钱贷了出去。在军营里，没钱的日子非常难熬，因此其他人看到威尔逊手中有钱时，就迫不及待地向他借。威尔逊将自己的钱借给其他人，同时要求他们一个月之内连本带息还清，而且利息还不低。其他士兵为了过好日子，早就不会顾及这么多了。他们经常是在发薪水的时候，先将钱还给威尔逊，有时候实在没钱了，就用自己值钱的东西做抵押。这时威尔逊就会将这些东西高价卖出。很快，威尔逊的钱如滚雪球一般越滚越多，他很快就赚了一大笔钱，过上了富裕的生活，他变成了士兵里面的“大款”，他还为自己买了两辆车和一栋别墅，这样的待遇就是高级军官也未必享受得到。威尔逊凭借自己精明的头脑，终于出人头地了。

犹太人认为赚钱就是为了让钱生钱，而不是将其闲置起来。要想让自己的钱越来越多，只有将钱拿出来做生意，这是赚钱致富的最有效的方法。

不仅成年的犹太人这样认为，小孩子也是如此。由于从小生活在这种环境里，耳濡目染，因此他们从小就会做生意，为自己赚取零花钱。犹太父母赞成这种做法，他们认为从小就应该不断培养孩子赚钱的意识，只有这样，孩子长大以后，才会有更大的信心赚取更多的钱。

在犹太人眼里，衡量一个人是否具有经商的智慧，关键就是看他能不能用小钱赚取更多的钱。只有能够不断利用钱，使手中的钱越来越多的人才能真正学会犹太人经商的精髓。不仅如此，只要拥有赚钱的想法，即使没有钱也没关系，因为你可以通过借钱或者贷款等方法，赚取自己的钱。犹太人自古以来一直秉承的观点是钱不是攒出来的，而是赚出来的。我们应该学习犹太人这种观点，如果想让自己手中的钱越来越多，就选择一项合适的生意投资。

做节俭的人，财富不是用来挥霍的

犹太人在用钱方面非常节省，《塔木德》告诫犹太人：“吝啬在有的时候和节约一样，是一种优秀的品质。”犹太人的节省和吝啬举世闻名，一些人经常调侃犹太人是吝啬鬼。犹太人对于这种称呼不以为意，他们甚至为自己得到“吝啬鬼”的称号而感到高兴。

不管是富裕还是贫穷，犹太人始终将节俭作为生活的主旋律。越是富有的商人，对于钱财的使用越是斤斤计较。在商场上，他们经常抱着这样的信念：即使是一美元也要积极地将其赚到手。因为他们知道财富就是一点儿一点儿慢慢积累起来的。犹太商人在商界更是将节俭和吝啬的特点表现得淋漓尽致，他们认为斤斤计较和吝啬是对他们精明投资的最佳褒扬。

很多犹太老板，对任何开支都精打细算，他们甚至将数字精确到

小数点后面好几位。他们经常说："要把一块钱当做两块钱用，如果在一个地方用错了一块钱，并不是只损失了一块钱，而是花了两块钱。"

犹太商人认为，只有爱惜金钱，它才会乖乖地跑进你的口袋里。犹太人就是这样既会赚钱又懂得珍惜钱。正是因为他们的吝啬，他们才能成为世界上的金融巨头。要开源就要懂得节流，只开源不节流的人，即使开再多的源头取水，也会没有水喝。如果不懂得节俭，钱再多，也会被挥霍奢侈的无底洞吞噬得一干二净。要想积累财富，就得懂得节俭，时时学会吝啬。吝啬不是小气，而是赚钱的一种手段。有些不富裕的人花钱的时候反而大手大脚，因为他们怕被别人说小气。越是富裕的人在花钱上越是显得吝啬，他们不会轻易地花自己的钱，就算被旁人议论，他们也不会在乎。

从对小钱的节俭上，更能体现一个人细心认真的程度。在小钱的花费上毫不在意的人，在大额金钱的花费上，往往也是非常含糊，自己心里根本就没数。很多人在没钱的时候，还知道节俭一下，在自己的钱包渐渐鼓起来的时候，就觉得是时候犒劳一下自己了，于是奢侈的习惯就这样开始了，再想找回原来的节俭习惯简直比登天还难。就这样，挣的多、花的多，挣的少，花的还是很多。所以才会有"富不过三代"的说法。而犹太人将这一理论打破了，因为他们祖祖辈辈都知道节俭。在犹太人中，很少有大手大脚花钱的人。

犹太人能够在商界独霸四方，与他们这种节俭和吝啬不无关系。我们每个人都应该学习这种节约的精神，也许这就是你未来事业成功的砝码。

适时"小气"让你致富

金钱容易流失，任何人对待金钱都应该特别慎重，否则就会损失金钱。犹太商人对待金钱更是非常小心谨慎，他们在宴请宾客的时候，以吃饱吃好为主要目的，不会讲究排场乱开支。在生活中，他们不会一下子将手里的钱全部花光，让自己两手空空。一

个不懂得节省开销的商人不是一个成功的商人。

在日常生活中，我们会发现这样一件事情，越是没钱的人，越爱装阔。因为他们认为自己的脸面很重要，不装阔就会被人看不起。这是一个心理问题，其实说白了就是自卑的心理在作祟。为了证明自己不是穷人，他们就会买一些华而不实的东西。他们的虚荣心非常强，经常会勉强买下自己实力不能及的东西。他们对于廉价的物品经常嗤之以鼻，这样讲究排场的人怎么能发财呢？

有时候，穷人的虚荣心甚至比富人还要强，他们经常会因为乱花钱，弄得自己口袋瘪瘪，有时候甚至只能借钱度日，这种打肿脸充胖子的行为让他们永远成不了令人艳羡的富人。

犹太富人虽然赚钱很多，但是他们不会乱花钱，不会讲究排场。一位管理数家公司的董事长，从不在乎别人的想法，也从来不会在意别人对他的称呼——“小气财神”。他和朋友去餐馆吃饭时，大都是随便点菜，不会点最好的菜，以炫耀自己的财富。有些人却刚好相反，自己明明没有多少钱，却非得点一些上档次的菜，根本就是在打肿脸充胖子，因为他们怕招来别人轻蔑的眼光。

仔细留心一下富人，我们就会发现，他们的穿着打扮很简朴，有的甚至近似于邋遢，不认识他们的人根本就无法想象他们拥有巨额的财富。这是因为他们不会将眼光放在面子上，他们会将自己的钱用在刀刃上，不会乱花钱，他们更关注的是如何用钱生钱。

犹太人不管多么富有，都绝不会随意挥霍自己的钱。在生活中，他们将积蓄钱财作为一种时尚。犹太商人计算过，如果一个人每天储蓄1美元，88年后，就可以得到100万美元；如果每天积蓄2美元，在10年、20年之后，很容易就能积蓄100万美元。因为这种有耐性的积蓄会得到利用，也会得到很多意想不到的赚钱机会，所以犹太父母经常在孩子很小的时候，就培养他们勤俭的习惯。

从前有个工匠的手艺很好，做出来的东西不但精巧而且非常耐用，所以他的生意一直很好，赚的钱也不少。可是，这个工匠好吃好穿，非常讲究排场，虽然他赚的钱不少，但是始终不够花。工匠的邻居是个大富翁，据说曾经很穷，但是不知道怎么回事，渐渐地就富了起来。工匠非常不解，于是就去向富翁请教，富翁正在家里补衣服，

虽然衣服很旧，但是富翁还是要将它补好。工匠很不明白，就问他："你这么有钱，为什么不给自己买些好衣服呢？这样你也比较有面子啊！"富翁告诉他："我不会将钱用在装点面子上，我会把钱用在更合适的地方。"这时候，工匠终于明白邻居富裕的原因了。

勤俭节约是一种美德，也是一种致富之道。讲究排场乱开支只会让自己的虚荣心越来越强，结果只会让自己的钱越来越少。我们应该节省自己的开支，不要让虚荣心支配自己的钱财。有些人无法摆正自己的位置，一心把自己和高一阶层的人放在同一个天平上比较，然后用越来越不健康的心态来面对残酷的事实。当自己没钱的时候，和有钱人比；当自己有钱的时候，就和比自己更有钱的人比。这样的做法真是得不偿失。其实，没有优裕的生活，没有名牌的衣服，不将自己辛苦挣来的钱挥霍掉，这不是一件丢人的事情。我们应该学会坦然接受命运，毕竟世界上的富人仅仅是少数。绝大多数的人在花钱方面，还是应该精打细算的，在消费方面，应该量力而行。没有必要因为虚荣，就作出超出自己经济能力的选择，这是不理智的行为。

如果一味地为了满足自己的虚荣心，不断地挥霍本来就为数不多的钱，最终吃亏的还是自己。

花钱的时候要多思考

"金钱可能是个慈悲的主人，同时可能是个能干的庸人""赚钱不难，花钱不易""有钱是好事，但是知道如何使用会更好"。

一些有钱的犹太商人，不仅可以让自己少花钱，而且能利用钱生钱，赚取更多的财富。而有些人只会让支出减少自己的收入，而且进行投资时，只是根据别人的选择进行选择，这样的投资通常只是一时的心血来潮，根本赚不了几个钱。

犹太人经常说的一句话是："赚钱不难，花钱不易。"犹太富人能够将自己的钱财管理得很好，这是因为他们会请经验丰富的理财专家或顾问来替自己管理。而一般人是无法承担大笔的顾问费用的。所

以，为了管理好自己的钱财，我们更应该学习一下理财知识，花点时间好好规划自己的财务，这样就能避免入不敷出的情况，还能让自己过得非常舒服。

理财是我们生活的一部分，伴随我们的一生，因为在我们的一生中，我们不可能与金钱脱离关系。所以，要想理好财，我们就应该像理财顾问一样，做好计划，然后持续不断地实施，只有这样才能从理财中获益。

犹太父母在孩子很小的时候，就教导他们应该有理财的观念，这样的教育会影响孩子的一生。一般来说，花钱的方式可以分为三种，第一种一毛钱也不舍得花，像守财奴一样生活，这样的人生毫无意义，这样生活的人不会明白自己到底丧失了多少人生的乐趣。第二种就是入不敷出，这样生活的人为了满足自己的消费需求甚至会借钱，他们经常因为享受生活而让自己债台高筑。第三种就是控制自己花销的同时不对自己太苛刻，该花钱的地方不会省着，这样生活的人能将自己的生活管理得非常好，他们不会让自己的生活充满遗憾，只有这样的人才是真正享受生活的人。

犹太人的财商非常高，为了让自己的财产更有价值，他们制定了四个衡量理财的标准，以此来确定自己的钱花得是不是正确。

第一，可以增加自己的收入。每个人的收入来源不同，有的人自己创业，有的人继承家里的财产，有的人坐收银行利息，还有的人受雇于人，靠工资为生。理财的关键是既会开源， 同时还要节流。正确的理财就是在原有财富的基础上，增加或者创造新的财富，在这方面，投资做生意是个典型。

第二，减少不必要的支出。任何人都不可能做到只进不出，只是由于习惯不同，支出的方式也是因人而异。有些人过于挥霍，有些人则过于吝啬。所以，正确的理财应该是在支出的同时，让钱发挥其最大的价值。在税收制度越来越健全的今天，更应该让自己的支出能少则少。对于各种意外的损失，应该利用可能的补救途径来弥补，如各种保险。

第三，提高个人或家庭的生活水平。控制不必要的支出，这样就会有更大的余地来改善自己或家庭的生活水平，丰富生活内容，同

时还可以增加一些生活的享受，比如买一辆汽车，住上属于自己的房子，到国外旅游等。

第四，储备未来的养老所需。任何人都不可能工作一辈子，犹太人经常说自己赚钱的目的是为了享受，他们认为老年时，不应该再将眼光放在赚钱上，而是应该老有所乐。退休之后，如果仍有经济来源，才可以让自己的晚年生活不会过于窘迫，晚景不会太过凄凉。在还有经济能力的时候，赶紧为自己的将来做好准备，这是十分必要的。正确的理财计划，应该将这项内容包含在内。

将自己的钱用在合适的地方，做好理财规划，这样的人生才会越活越精彩。

聪明理财，让小钱变成大钱

犹太人认为钱是自己赚来的，所以可以任由自己支配。犹太人在金钱的使用方面非常谨慎，他们认为不应该把钱看得过于重要，但是也不能把钱不当钱。在小钱的花费上，更应该十分谨慎，因为小钱其实就是大钱。

有些人在花钱上存在误区，他们对待大笔的钱十分谨慎，但是在一些数目较小的钱的花费上，就不在意了。就是因为这样的不在意，所以他们经常会失去很多钱。

实际上，往往是一些细枝末节的东西能让人体会到金钱的价值。由于消费观念的影响，人们经常认为花小钱不会造成很大的影响，于是很多的商家就会利用这一点大加宣传。比如，商家经常会打出这样的广告：“只要每天喝四百毫升的牛奶，你的身体就会越来越棒”“只要每天坚持用这种牙膏，你的牙就会越来越美白”……消费者在看到这样的广告后，就会被它的“小”而诱惑，认为每天仅需花这么点钱竟然可以收到如此好的成效，的确物超所值。有些消费者就是这样上了商家的钩的。

犹太人对待小钱十分谨慎，他们知道这些小钱虽然在自己每天的消费中所占的比例很小，但是时间一久，就不是一笔小开支了。

“小钱就是大钱”也体现在赚钱上。很多人在进入社会后，一心抱着挣大钱的想法找工作，结果很难找到合适的工作。为什么？因为自己的心气太高，工资低的工作自己看不上，工资高的工作，人家又看不上你，所以就会一直处于找工作的状态。

犹太人就不会犯这种眼高手低的错误，他们虽然也抱着挣大钱的想法，但是会从小事做起，因为他们认为赚小钱是赚大钱的过渡桥梁。一心只想做大事、赚大钱的人如果不屑于赚小钱，就赚不到大钱，同时也是做不成大事的。很多成功的犹太商人，都是从做小事、赚小钱做起的，很少有人一上来就做大事。很多人的经验告诉我们，即使是高学历的人，一开始步入社会的时候，通常也是先从赚小钱做起的。小钱其实就是大钱，只有会赚小钱的人，将来赚大钱的时候才能如鱼得水。小钱挣多了就是一笔大钱，小钱省多了也是一笔大钱。

很多人都是利用小钱生大钱，并通过理财计划，让自己的生活越来越舒适的。如果想让自己越来越富裕，就要学会进行理财，制定自己的理财计划，让自己的小钱能够通过理财计划变成一笔数目可观的资金。

第14章

精明赢利，拥有好口碑的犹太商人

思想家：马克思　弗洛伊德

艺术家：毕加索　斯皮尔伯格

科学家：爱因斯坦　奥本海默

商业奇才：洛克菲勒　摩根　巴菲特　格林斯潘

政界要人：托洛茨基　基辛格　古里安　奥尔布赖特

口碑第一，讲究诚信绝不欺诈

犹太人做生意认为信誉最重要，他们认为商人应该讲究信誉和信用，靠欺骗别人发财的人，生意是做不长久的，只有讲究诚信，不欺不诈、公平待客的商人，才能在商场上占有一席之地，否则迟早会被社会淘汰。

有些投机取巧的商人，经常缺斤短两、以次充好，这种小伎俩迟早会被人们识破。犹太人经常说的一句话就是："诚实可以带来好运，靠欺骗赚钱总会有倒霉的一天。"所以，犹太人做生意的时候，不会用欺骗顾客的方式赚钱。犹太民族是非常重视诚信的民族，他们不仅这样要求自己，也希望每个人都能够讲诚信。不管是书面的约定还是口头上的约定，只要他们答应过，就会说到做到。和犹太人打过交道的人，都会被他们诚实守信的精神所感染。

犹太人认为讲诚信是人一辈子的事情。在工作上投机取巧、欺瞒顾客，害的不是别人而是自己。不讲究诚信，是一个人一生中最大的污点。只有讲究诚信的人才能得到别人的敬重和支持。

商界也非常重视诚信，尤其是市场竞争越来越激烈的今天，讲究诚信的商家在激烈的竞争中会永远立于不败之地，投机取巧、欺骗顾客、欺瞒合作伙伴的商家最终会被人们唾弃。

我国也有"人无信不立"的说法，我们的古人也非常重视诚信。诚信不仅是做人的根本，同时也是一个企业的灵魂，是一个企业能够不断前进的保障。犹太人非常重视诚信，他们认为在商场上赚钱是大家都追求的，但是在做生意的时候，做人是第一位的，赚钱是第二位的。因为信誉是一家企业的无形资产，信誉好，生意好是迟早的事；信誉不好，倒闭就是早晚的事。有些精明的犹太人看出了信誉的作用，所以他们从一开始为自己的商品作宣传的时候，就在诚信上做文

章，这样的宣传往往能够深入民心，获得广大消费者的支持。

一位成功的犹太商人说过：“天资聪颖不如勤于学问，好学问不如处世好，处世好不如做人好。”一句话就将他的成功经验概括得非常恰当。对顾客笑脸相迎，童叟无欺，以诚经商，顾客自然会经常光顾。以诚信待人，生意伙伴就会遍及天下，这样的企业永远不会缺少合作伙伴，信誉就是企业最好的广告。

一位商人回顾自己的成功经验时，这样说道：“做生意的第一要诀是诚实，只有诚实才能将生意做大。欺瞒顾客、弄虚作假只是一锤子买卖，这样的生意终究会弄巧成拙，惨遭失败。”

犹太民族讲究诚信的传统自古流传下来，他们一直将其作为自己处世的重要原则，他们能够不断赚取财富与这一点有很大关系。

不偷税漏税，但会巧妙合理地避税

犹太民族是这个世界上最富有的民族，他们的财商恐怕无人能及。虽然他们拥有世界上最多的财富，但是他们比世界上任何一个民族的商人，都更重视纳税。他们认为税款其实就是和国家签订的契约，偷税漏税违背契约，是不允许的。众所周知，犹太人是最遵守契约的民族。对于他们来说，偷税漏税不仅违背了自己的经商之道，同时也会让自己蒙羞。因此，对于偷税漏税的行为，犹太人深恶痛绝。一些经常耍小聪明的商人认为犹太人这样做是一种犯傻的行为，其实不然，这正是犹太人守信用的一种表现。

一个瑞士人到海外旅行，回来时将一颗宝石藏在鞋里企图不通过纳税入境，结果被当地的海关查处扣留。一位犹太人看见事情的始末，感到非常纳闷，说道：“为什么不依法纳税，堂堂正正地入境呢？”按照国际惯例，宝石之类的装饰品的输出费最多不会超过8%。依法缴纳输出费，堂堂正正地入境以后，在卖出宝石的时候，只需将宝石的价格设法提高8%就可以了。这是多么简单的一笔账，但是瑞士人却没有算明白。在这里，我们可以看出犹太人依法纳税其实是一项明智之举。税金有时候也是一笔较大的费用，经常有人为了

节省这笔钱，千方百计地偷税漏税，这样做早晚是要付出代价的。无数人的经验告诉我们，这样做的结果是得不偿失。依法缴税，既是一种守信用的表现，又能为自己省去很多不必要的麻烦。犹太人经常以依法纳税为荣。

每个人都希望自己的钱越赚越多，犹太人也不例外，他们虽然绝不漏税，但是这并不表明，他们会在这方面任意花自己的钱。日本某公司的董事长，月收入是500万日元，要缴很多的税。犹太人为了避免这种情形在自己的身上上演，经常会想一些办法躲避税收。遇到这种情况，犹太人经常会当一个“廉价”的董事长，这样就可以躲避高额的税金。

犹太人是不会通过偷税赚取财富的，他们认为如果这样做，自己的名声就毁了。但是，犹太人绝不漏税，并不说明他们老实憨厚，没有精明的头脑。犹太人对任意征税的行为非常厌恶，他们经常采用合理避税的做法应对乱收费的行为。他们经常巧妙地利用当地的税法，采用种种手段，合理避税。这样既完成了与国家的契约，同时又保住了自己钱包里的钱。

犹太人对于合法避税有着以下的观点：让避税行为发生在国家税收法规许可的范围内；避税行为应围绕着降低产品价格展开，以避税行为增强企业的市场竞争力；巧妙地安排经营活动，使避税行为具有灵活性和原则性。从商的目的绝不是为了避税，即使是天才的避税者，也不可能凭借避税行为致富。

“绝不漏税，合理避税” 一直都作为犹太人的护钱术出现在人们的视野里。犹太人一直都将税收命名为“不能要的钱”，他们的口头禅就是“不挣不能要的钱”。犹太人一直都是纳税的好公民，他们认为税金是必须缴纳的，因为这笔钱应该归国家所有，如果不缴税，上帝会对你进行谴责和惩罚。他们甚至认为纳税是纳税人的职责。

犹太人纳的税不包括那些不合理的税款。他们有自己的原则，凡是不合理的税款都会想办法避开。这些年来，他们能够一路辉煌，与这种绝不漏税，同时又合理避税的行为密切相关。

犹太人的这种做法，使他们能够没有任何忧患地在商界纵横驰骋。有些商人经常偷税漏税，他们不知道，自己这样做其实为将来埋

下了隐患。很多成功人士，为了省下税款而偷税漏税，最后的下场是锒铛入狱。也许犹太人这种绝不漏税的行为值得他们反思。

自己打拼，白手起家自有秘诀

很多犹太商人都是白手起家的。为什么这么多的犹太人在短短几十年的时间就可以从白手起家成为世界级的金融大亨呢？这里面有一些白手起家的秘诀。简单而言可以分为以下六点。

第一，使自己的空钱包变成满的。一位犹太的拉比问道："假如每天早上我都往篮子里放10个鸡蛋，晚上拿出9个。这样过一段时间，会出现什么样的结果？"一个人答道："这样就会得到满满一篮子鸡蛋。""这是什么道理呢？""因为我每天放进去的鸡蛋都比拿出的鸡蛋多一个啊！"于是这位拉比说道："让自己的钱包变满也是一样的道理，做一份工作就会让自己的钱包多一份财富，只要让自己的收入大于支出，钱包就会慢慢地变满的。"

第二，控制自己花钱的欲望。人的收入各不相同，因此支出也不一样。想让自己的钱包不变空，就要控制自己的欲望。人的欲望是无穷的，不能把支出和欲望联系在一起，这是不明智的。欲望是没有极限的，但是人的收入是有限的，将无限的欲望加在有限的收入上面，就是让自己的支出凌驾于收入之上，久而久之，就会陷入入不敷出的窘境。人不能被自己的欲望所左右，不要因为自己的钱很多，就去满足每一个欲望。应该调整自己的生活习惯，在花每一块钱的时候，都慎重思考，让每一块钱都发挥100%的功效。

第三，用钱、赚钱术。犹太人为了让自己的财富逐渐增多，通常是让钱生钱，用钱不断地去赚更多的钱。他们经常用钱去投资，有些人还会将自己的钱借给别人，然后在收回本金的同时收一笔利息，这样就能让自己的钱越来越多了。一些守财奴经常将自己的钱存起来，不借给任何人。他们的这种做法，虽然守住了钱，但是却不能赚到更多的钱。这样做其实也是变相损失了很多属于自己的钱，犹太人是不赞成这种不明智的做法的。

第四，看好自己的钱包。犹太人认为看好自己的钱包非常重要，说白了就是要谨慎地进行投资。犹太人认为，投资一定要安全可靠，必要的时候能够收回成本，同时还能获得可观的利润，这样才不会丧失自己的财富。要经常向有经验的人请教，听取有经验的人的劝告，不要一意孤行。对于不安全的投资产业，尤其是风险系数较大的产业，更应该谨慎进行投资，否则，一不小心可能就会倾家荡产。

第五，投资房地产业。每个人都希望有一块属于自己的土地，孩子可以在庭院里自由地玩耍，妻子可以在里面种上花草蔬菜，丈夫可以在里面休息。这样的家庭生活在犹太人看来才算是真正的享受。所以，一般有钱的犹太人都喜欢借钱给那些想购置房产的人，在房屋建成后，他们完全不用担心借钱的人还不上钱，因为有房子做保障，自己就可以没有后顾之忧地去工作赚钱。

第六，为自己将来的收入作打算。每个人都会历经从小到老的过程，一个人在还有能力赚钱的时候，就应该想到自己年老时的经济收入，所以，在年轻时就应该为自己的未来作打算了。在年轻的时候，应该为自己的未来选择一项长期可靠的投资产业，投下资金，并且确信自己在未来能够收回这些资金，这样的投资才是妥当的投资。现在，犹太人一般都会为自己买下一份人寿保险，在年轻有收入的时候，每个月为自己的未来存下一笔数额不大的资金，在年老的时候，就可以享受它为自己带来的利益了。

犹太人能够白手起家并且取得成功的原因不外乎这几个秘诀。道理大家都懂，能不能成功就看个人的行动力了。

经商有道：78：22法则

犹太人之所以能够生财有道，很重要的一条经商法则就是“78：22法则”。这是犹太人在千百年的经商实践中总结出来的经商原理。

“78：22法则”是大自然中一项很重要的法则，它规定着宇宙中某些物质的比例。比如，在自然界中，氮气和氧气的体积比约是

78：22；正方形内切圆的面积和其余部分面积之比也是78：22。犹太人在自然法则的基础上进行研究，结果发现，在人们的生活中，很多事情也是遵循78：22的原则的。比如，普通人和富翁的比例是78：22；在财富的占有上，富人和普通人所占有的比例也是78：22。犹太人发现，世界上绝大多数的财富掌握在为数不多的有钱人手中。

假如有人问，世界上放贷的人多还是借款的人多？一般人都会回答说："当然是借款的人多。"但是犹太人会告诉你，放贷的人多。实际上正是如此。总体来说，银行是个接待机构，它会将向很多人借来的钱转借给少数人，从中牟取利润。犹太人认为，就是放贷人和借款人的比例是78：22。银行正是利用这个赚钱的。

犹太人经商的过程中不会利用薄利多销的策略，他们经常使用厚利适销的经营策略。他们早就分析出，世界上78%的财富都集中在22%的人的手中。因为财富主要集中在22%的人的手里，所以犹太人在赚钱的时候，总是赚有钱人的钱。犹太人发现"78：22法则"在经商过程中的作用非常大，这条法则可以使他们在经商的过程中有的放矢。通常情况下，做生意的时候，78%的生意来自22%的客户。所以企业一定要仔细研究和分析自己的客户组成，应当把78%的精力放在22%的客户上，而不能平均使用力量。犹太商人经常做钻石、高级皮包等奢侈品的生意，就是他们恰当使用78：22这一法则的例子。

78：22法则应用非常广泛，只要仔细研究一下身边的事情，就会发现它们绝大部分是符合这一法则的。比如，78%的销售额来自22%的顾客，78%的生产量源自22%的生产线，78%的读报时间用在22%的版面上等。很多规律在平时的生活中被人们轻易地忽视了，但是犹太人在一连串的生活经验中，找出了这条法则，因此他们能更高效地为自己赚到更多的钱。

一位成功的犹太商人说，有一次他由于一些意外情况，只工作了四五个小时，但是他感到非常奇怪的是，四五个小时的工作量，和平时工作八九个小时差不多。他仔细一想明白了，原来自己以前工作时，根本就没有什么先后次序，不分轻重缓急。而在这四五个小时中，他只是将一些重要的事情处理了，没有琐事的干扰，自己很轻松地就将大事处理好了。这就是"78：22法则"的应用。在以后的工作

中，他一直遵循这一原则。他将事情事先分为A、B、C三种级别，A是最重要的，同时也是最紧急的；B是比较重要，却不是很紧急的；C是既不重要，时间也比较充裕的。这样分清主次地进行工作，就能更高效地将问题处理好。

一位著名的犹太商人在介绍自己的成功经验时说道："我经常留意一些高收入的人群，把他们作为自己的主要客户，只有经常和这些人打交道，才会有赚钱的机会。"这位犹太商人正是运用了78∶22的经商法则，才将事业一步步做大的。

犹太人将这一原则运用得得心应手，这也成为他们致富的一项主要原则，所以他们在商界能够不断成功。他们会将占有世界78%财富的人群作为自己的主攻对象，将这些人和普通的客户区别对待，赚得的钱自然就会更多。

双赢至上，买卖双方都受益

在现在的生活或工作中，都讲究双赢，只有双方共同得利，才能更顺利地交往，否则就不能达成长期的合作关系。只保证自己一方获利的生意是无法持久的。犹太人的经典之作《塔木德》说："如果真正给别人提供了方便，你也一定能够从中受益。"

著名的美国犹太银行莱曼兄弟公司是一家历史悠久的老字号。年利润一度达到3500万美元，而它的创始人只是一个牛贩子的儿子。亨利·莱曼是从欧洲来到美国的莱曼家族的第一代，他在美国的南方生活了一段时间之后，就和他的两个弟弟在亚拉巴马的蒙哥马利定居，他还当上了杂货店的老板。亨利是一个精明、有生意头脑的犹太人，在此生活了一段时间之后，他就发现了一个巨大的商机。该地是一个产棉区，农民手里棉花多得是，但是他们却没有现金去购买生活日用品。于是，亨利就想出了用杂货去换棉花的方式，这样一来，双方皆大欢喜，农民得到了需要的商品，亨利也将手里的杂货销了出去，他的这种经营方式不仅吸引了很多没有钱买日用品的农民、扩大了销售，而且有利于莱曼兄弟压低棉花的价格，同时提高日用品的价

格。他们到城里进货的同时，还能将棉花销售出去，节省了单项运货的运输费用，大大节约了成本。没过多久，莱曼兄弟就从杂货店的小老板变成了经营大宗棉花生意的商人，棉花典当成了他们主要的生意。美国南北战争时期，他们开始在欧洲推销棉花。战后，他们又在纽约开了一家自己的事务所。同时，他们在纽约的交易所中，积极争得了一个席位，成为了专门从事果蔬类农产品、棉花、油料代理的代理商。从此，他们走上了大规模专业发展的道路。

莱曼兄弟公司之所以能够成功，就是因为他们能够给别人提供方便，自己也从中获得了应得的利益。真正成功的商人，在从事一项生意之前，不仅能看到自己的利益，同时还能够看到合作方的利益，只有双方都有利可图，合作关系才能继续下去。只要双方因为某件事情的两种利益联系在一起，就能集中共同的力量完成这件事情。

现代的社会竞争更加激烈，一个项目经常需要多家企业共同完成。再强大的人也有弱点，再弱小的人也有强项。所以，我们应该追求合作。觉得自己无所不能，可以赤手空拳打天下，本身就是一种不成熟的表现。现代社会，人不可能仅靠自己的力量成就一番事业。所以，我们应该学会合作，只有合作才能实现双赢，只有双赢，才能使合作更长久。

犹太商人做生意的时候，经常会将对方的利益考虑到自己的计划之内。如果他们觉得对方的实力以及所有条件完全符合自己对合作伙伴的要求，金钱至上的他们，有时候甚至会为了挽留对方将自己的利益适当地缩水。他们认为利益随时可以挣得，只要得到合作伙伴，即使少得一些利，也是可以接受的。因为他们会在以后的合作中，将这些损失挽回。所以，真正的生意应该像犹太人说的那样：“一笔生意，两头赢利。”

遵守契约，绝不出尔反尔

犹太人信奉上帝，他们把自己称为“上帝的选民”。他们认为人之所以存在就是因为和上帝签订了契约，所以犹太人

又有称“契约之民”。在犹太人的信仰之中，违反契约必定会受到上帝的惩罚，而信守契约，就会得到上帝的垂青，取得成功。

犹太人从小就受《塔木德》的教育，他们深切了解恪守契约的重要性，只要签订契约，他们就会坚持将其执行下去，哪怕契约可能对他们不利。很多商人愿意和犹太人打交道，就是因为这个原因。

犹太人认为契约是和上帝的约定，由于犹太人普遍重信守约，所以他们在做生意的时候，经常是连合同也不签，对于他们来说，口头的承诺也有约束力，因为神能听见。

在犹太民族中流传着这样一个故事，让人们懂得遵守契约的重要性。很早以前，一个犹太家庭里有一位漂亮的姑娘，待字闺中。一天，她与家人一起出去游玩，走了一段路，她感到口渴，于是就一个人去找水喝。她看见了一口井，就想舀些水喝，但是仅凭她的力气要想吊上一桶水根本不可能。她左思右想，看到四处无人，就顺着绳子下到井里去喝水。没想到她喝完水以后，发现井壁太滑，她根本就上不来。想到此刻父母找不到她肯定很担心，她又着急又害怕，后来竟然急得哭了起来。说来也巧，一位年轻的小伙子在此路过，他听见姑娘的哭声，就赶紧过去看个究竟，姑娘因此得救了。小伙子被姑娘的美貌迷住了，同时姑娘也被小伙子勇于助人的精神所感动，两个人互相表达了爱慕之情。不久，小伙子要出远门，两人依依惜别。临别前，两个人定下山盟海誓，他们约定等小伙子一回来，两个人就立即结婚。订婚是要有证婚人的，但是当时在场的只有他们两个人，正好在这个时候过来一只黄鼠狼，而且旁边还有一口井，于是黄鼠狼和井就成了他们的证婚人。小伙子离开家乡后，一开始还将姑娘放在心上，但是时间一久，他就忘记了他们之间的约定。可是姑娘没有忘记，还在家里傻傻地等着小伙子归来。小伙子已经将姑娘忘得一干二净，而且和另外一个女子成了婚，过上了幸福的生活。小伙子和他的妻子先后生了两个儿子，但是两个儿子先后遭遇不幸。第一个儿子在草地上玩的时候，被一只黄鼠狼咬死了；第二个孩子到井边玩的时候，一不小心掉进井里淹死了。小伙子这时候醒悟了，他想起了自己和姑娘的约定，于是和妻子说明白了一切，与妻子解除了婚姻关系，匆匆赶回家乡，去见自己的恋人。在姑娘的家里，姑娘还在一直等待

着心上人的出现。小伙子向姑娘表达了深深的忏悔，两个人在姑娘的家里举行了婚礼。

这种爱情故事在我国也是不乏其类，但是我们重在强调道德、人的良心，对恋人的不离不弃，而犹太人重在强调对契约的遵守。人要信守与上帝的约定，更要信守与他人的约定。假如自己的确因为某些原因做不到，就应该向对方说明原因，并请求对方的原谅。

在商界中，犹太人的重信守约是有口皆碑的。遵守契约是生意能够挣钱的保障。犹太人就是在契约的保障下赚钱致富的。

对于违约的行为犹太人深恶痛绝，他们会追究对方的一切责任，而且毫不客气地要求其赔偿经济损失。不履行契约的犹太人，会被认为是违背了上帝的旨意，这样的人会受到大家的唾骂，大家会一起将他逐出商界。

第15章

营销有道，犹太人真正地把顾客视为上帝

思想家：马克思　弗洛伊德

艺术家：毕加索　斯皮尔伯格

科学家：爱因斯坦　奥本海默

商业奇才：洛克菲勒　摩根　巴菲特　格林斯潘

政界要人：托洛茨基　基辛格　古里安　奥尔布赖特

抓住流行，了解有钱人的生活

犹太商人的眼光非常独到，他们发现，世界上绝大多数的财富掌握在为数不多的富人手中，而富人又是消费的集中区，他们经常会引领世界的潮流。犹太商人利用这一点总结出，要关注有钱人的流行趋势。即使没有大钱的人也会因为爱慕虚荣，买些上流阶层的人买的东西，以此来显示自己的高贵。

“越是流行的东西，越是有钱挣”，犹太人经常将这句话视为赚钱的真理，他们巧妙地利用人们向上看的心理操纵流行趋势。人们总是希望自己能够高人一等，于是纷纷向有钱人看齐。犹太人在生活中发现，某样东西在上流社会流行后，过不了多久，就会流行到中产阶层。而处在下层的人们，也非常羡慕上流社会，虽然他们没有什么经济实力，但是有些人对于自己喜爱的东西，即使借钱也要买。上流社会流行的服装、运动、风格，对人的影响都是很大的，尤其是对于女性和青少年来说，这样的影响力更是非凡的。哪个女人不希望自己能有个钻石、宝石之类的饰品？虽然经济能力有限，但是在经济不富裕的人群中，也依然会有奢侈品的踪影。

犹太人深谙此道，他们发现，发源于老百姓的东西虽然来势凶猛，而且流行面广，但是维持的时间较短。而发源于富人的东西，虽然流行得较慢，但是持续时间却很长，一般从富人普及到穷人至少需要两年的时间，而在这两年的时间内，一旦把握住流行趋势，就可以获得成功。所以，犹太人经常使用的销售策略是厚利适销，而不是薄利多销，因为他们主要的销售对象是富人。而且，他们不用担心商品会过时，因为即使商品在富人阶层中没有市场了，他们还可以将其推销给普通大众，商品在这个人群中仍然有很大的利润空间。

一位在日本生活多年的犹太商人，一直做钻石珠宝的生意，随着市场的扩大，他开始做起了女装、饰品等的生意。他的公司总部在纽约，他的生意主要面向日本的上流人士。他将自己的眼光全部放在有钱人的身上，不管是钻石的花色，服饰的色彩还是手提包的样式，都是根据有钱人的眼光选择的。他的商品在日本非常畅销，几乎垄断了钻石珠宝业。他之所以能够战胜竞争对手，就是因为他能根据实际需要对商品进行改造。总部的很多商品都是根据纽约人的喜好和特点制成的，这些商品漂洋过海来到日本后，虽然都很漂亮，但是却未必会得到日本人的喜欢。比如美国人的裙子一般都很长，因为她们的个子很高，但是日本人的个子普遍比较矮，这样的裙子就不适合她们穿。这位犹太人将裙子进行适当的改善，受到了日本女性的欢迎。他的店没有搞过跳楼大甩卖之类的活动，但是生意却一直很兴旺。

这位犹太人抓住了赚钱的机会，因为他始终在关注有钱人的流行趋势。ARMANI、LV、PRADA、CHANEL这些有钱人经常挂在嘴边的品牌，现在不是一样在全世界流行开了吗？一种商品一旦在有钱人中流行开来，就会对普通的老百姓形成一种示范效应。

商机是瞬息万变的，能够把握一种流行趋势真的很不容易。一个商人要想抓住流行趋势，就一定要将眼光放在富人的身上，在做任何一笔生意之前，一定要仔细研究，分析市场，还要敢于超越潮流。人们的需求经常会发生变化，市场也在不断地发生变化，今天还在畅销的商品，也许明天就没有了销路。拥有时刻关注有钱人流行趋势的智慧，就是犹太人在商界能够持续取得成功的法宝。

用点小心思，巧赚女人的钱

在犹太商人的头脑中，女人的钱是最好赚的钱。因为男人赚的钱基本上都会交给老婆消费，有些男人为了讨女人的欢心，在女人身上花钱也是毫不眨眼。向女人推销是有技巧的，因为女人的心思比男人细腻，感情比较丰富，所以商人要想让女人购买自己的东西，就要想出一些办法。

女人在购买商品的时候，不仅会关注商品的质量、价格等硬性指标，还经常会受到情感因素的影响。所以商家在做女性生意的时候，一定要多关注女性在情感方面的需求。现在，很多领域都提倡人性化设计，这在商场上同样适用，有些商家推出的免费试用、免费品尝活动，经常会获得女性朋友的青睐。

在研究女性顾客方面，犹太人作了一些独到的研究，他们认为：向女人推销，不如让女人触摸。女人在购买商品的时候，经常会受到外在因素的影响。举例来说，如果某个地方搞大促销，女人可能会花30块钱的车费去买10块钱的东西，因为她们已经被促销吸引了。犹太商人看出了女人喜欢买打折的东西，所以经常对一些商品进行高定价、低折扣的销售。

在女装店，一些销售人员不懂得女性的心理，经常在衣服上挂上“请勿触摸”的牌子，其实这是一种不会推销的表现。向女人推销时，无论你将商品说得多好，如果没有触摸到衣服的料子，她们是不会买的。我们经常能在商场看到这样的情形，男人看中一件衣服后，会直接出钱买走，顶多会试试大小。但是女人在购买衣服的时候，会将自己看中的衣服，仔仔细细看个遍，还会在不经意间摸一摸，揉一揉衣服的料子，在确认各方面都合自己心意的时候，她们才会试穿，然后才会购买，当然这之间可能还会夹杂一些砍价的话语……

一位成功向女人推销产品的销售员说：“与其费口舌向女人介绍产品，不如直接让她们看一下、摸一下。”一些犹太商人在向家庭主妇推销机械商品的时候，经常当场给她们演示，有时候还会让她们亲自试验一下。她们亲自感觉到产品的妙处之后，才会放心地购买。

女人是一种感性的高等动物，她们不太相信自己的眼睛，经常更倾向于触摸。这样的体验，会让她们亲自领会到商品的价值和妙处。男人不会太在意小细节，而且一般都很理智，他们不会为不需要的东西花冤枉钱。但是女人不同，不管有没有用，只要是能够吸引自己的东西，她们就会将其买回来。

一位商人说：“一方面要盯紧别人的女人，赚她们的钱；另一方面要盯紧自己的女人，不要让她乱花钱。”

女人的生意是久盛不衰的生意。一些犹太商人经常会扩大商品的种类，让女人看得眼花缭乱，这样她们就会在不理智的状态下，花很多钱去购买不在购买计划之内的东西。女人的生意不会衰败，犹太人很早就看出了里面的玄机，他们占据了世界上很大的女性消费市场。如果商家都能分析透女性的心理，在她们买东西的时候，花一点儿小心思去迎合女性的购买需求，也许他们也能从女性消费的大蛋糕上分得一块。

巧妙赠送资料，让推销更容易

犹太商人的经商策略是厚利适销，但是这样一来，他们的商品就会比其他同类的商品贵一些，有些人就会认为由于竞争的关系，他们的生意肯定不好做。但是事实上，他们的生意一直很好，而且他们赚的钱比竞争者更多。

犹太商人在高价推销自己商品的时候，会利用各种宣传资料，将自己产品价格高的原因说出来，他们会用这些赠送的资料来说服消费者。犹太人不会像其他商家那样，经常推出挥泪大甩卖、全场大减价等活动，他们对自己的商品充满信心，所以不会贱卖自己的商品。好商品不怕检验，正因为不减价，所以他们才会赚取更多的利润，这就是犹太人赚钱的奥秘。

一个犹太人曾经开玩笑说，自己的办公桌上最多的东西就是犹太商人发的赠送材料。犹太商人就利用这些材料为自己的商品打广告。现在，很多商家都已经看出犹太人的这种做法对于推销自己的商品很有利，于是他们也免费向消费者赠送自己商品的宣传资料。比如，以前大家不是很注意补充自己身体所需要的营养。一家专门研究补钙产品的公司，为了推销自己的产品，就做了一个小册子，上面写着补钙对人体的重要性，大力度宣传补钙的好处及缺钙对人体的危害。通过这些赠送的免费资料，人们才明白原来补钙也是很重要的。商家就是用这样的方式培养了潜在的消费群体。

著名的犹太销售专家杰亚布拉罕曾在他的著作中介绍自己的销售经验，他认为教育客户是营销的基石。

他说自己向客户推销家用火炉的时候，在广告和宣传资料中，会写明这个炉子的结构、功能以及别人感兴趣的细节。然后编纂一个小册子或者写出报告，告诉人们怎样做才能节能，而这个小册子或报告可以在很多有关消耗能源产品的促销中使用，可以说是一举多得。最后，还会编写一本小册子，介绍家庭如何购买或者寻找节能的房子，或者编一本更为全面的书，介绍如何从家庭能源方面考虑进行房屋改造和作预算。他还告诫商家，要让消费者更多地了解自己的产品和企业；同时让消费者更多地了解这个行业里对他们有利的信息，了解与自己的产品有关的知识，这样商家和消费者之间就会建立起亲密的关系。杰亚布拉罕认为营销的失误之处在于无法很好地使客户了解自己产品特有的长处，比如，如果你非常了解业内的100家不同的生产厂家，那么一定要向客户说明，这样一来，客户就会觉得你非常了解耐用性、产品保障、生产能力、服务承诺等方面的知识，你的客户会觉得这正是他们缺少的知识，他们会因此和你搞好关系。教育顾客是一种强大的经营手段，它能让你的客户了解产品的方方面面，甚至包括产品或者服务上的缺点和瑕疵，这样你的销售量就会比现在增长好几倍。

犹太人经常用免费资料教育消费者，这样就能将自己的产品全面地推向消费者。一些商家在培训销售人员时，就是先让他们了解产品各方面的知识的，向客户介绍商品的方方面面，让顾客了解得更加全面，促使顾客下决心购买。

先下手为强，把客户的质疑先提出来

犹太商人在做生意的时候，经常会将顾客想要问的问题先设想出来，然后在顾客还没有提出问题之前，就将问题找出来，并且解决。这样的做法让顾客觉得商家在为顾客着想，他们就会产生一种亲切感，就会从心里主动地认同这种销售方式。事实证明这的确是一种很好的销售方式。

犹太销售员在向顾客介绍自己的商品时，如果察觉到顾客有反

对意见，就会抢先一步提出来，先发制人，这样就会占据主动地位，也会避免因为反驳顾客的意见而发生争吵。抢先将顾客的反对意见提出来不仅可以显示自己的坦诚，而且也是不欺瞒顾客的表现。这样做同时也能节省交易的时间，如果顾客所有的问题都被销售抢先解决，顾客就会觉得销售对自己的需求特别了解，以后的交易也会变得非常顺利。

有这样两个推销的小例子。一个打印公司的销售员知道买主一般都会说“没有钱，买不起”之类的托词。所以他向一家企业推销的时候，吸取了以往的经验教训，在洽谈一开始的时候就说：“先生，我和别人经常谈起您，他们都非常熟悉您，称赞您是一个年轻有为的经理，很会赚钱，今天前来看到贵公司一派欣欣向荣的景象，真是令人羡慕。”这样的一番说辞，就否定了对方没有钱而拒绝购买的托词，使对方无法以没钱为借口拒绝了。

第二个小例子是这样的。一个压力锅公司的小伙子向一位家庭主妇推销自己的压力锅，这位销售员知道顾客一般都会提出安全问题，所以他向这位主妇介绍的时候，先介绍了压力锅的简单情况，然后主动说道：“我知道现在您可能在考虑压力是否过大的问题，不用担心，这个安全阀门的作用正是防止压力过大。”这位销售员先将顾客的意见提出来，然后消除了对方的顾虑。这样就能减少顾客心中的疑问，对于后面的交易也是非常有益的。

有些买主在购买产品的时候，经常会自以为是地提出一些和销售唱对台戏的意见，这样的做法经常会影响两个人的情绪，生意也不好做。抢先打消客户的疑虑就可以减少这种情况的发生。

犹太商人在自己的经商实践中发现，如果抢先一步将顾客的反对意见提出来，就能与顾客建立信赖的关系。有些销售员不会运用这种策略，他们向顾客推销自己的产品时，尽拣好听的说，直接忽视顾客提出的问题，甚至直接否定顾客的提问，顾客不喜欢这样的销售，而且会觉得他们很不诚实，这样一来，即使产品很好，顾客也未必会买。

所以在推销商品的时候，一定要揣摩顾客的心理，主动地将顾客想要提出的问题抢先提出来，这样顾客就会在心里倾向你这边了。

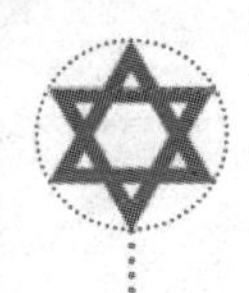

犹太商人就会揣摩顾客的心理，所以他们在推销商品的时候，无往不胜。只要学会这种推销方法，或许不久我们也会取得令人艳羡的成绩。

质疑越多的顾客往往越有购买欲

犹太商人在经商过程中，发现了一个现象，越是对商品挑剔的人，最终越会将产品买下，他们苛刻地挑剔，其实就是要购买的表现，他们是在为讲价作准备。

犹太商人弗洛姆曾经说："在推销的任何阶段，或者是对于商品的任何方面，顾客都可能提出异议。经验告诉我们，顾客没有任何异议直接就将商品买走的情况是很少的。我们应该明白，挑剔者才是买货人。"所以，卖方在遇到非常挑剔的顾客时，千万不能因为对方的挑剔，就厌烦对方，甚至不指望将商品卖给这种人。这种顾客虽然表面上对商品非常挑剔，但是在他们的内心也许已经十分中意这件商品了，只要再耐心地坚持一会儿，他们可能就会将商品买下来。

犹太商人弗洛姆来到一个汽车展销厅，他四下看了一下后，走到一辆汽车前，不断地仔细观望它，这时过来了一位推销员："早上好，先生，看来你很喜欢这款车，是吗？""是的，这辆车看起来还不错，它多少钱？""4万美元，先生。""挺不错的，不过我得先回去和妻子商议一下。"随后弗洛姆又来到一家卖二手车的汽车店，看到了一辆标价300美元的迷你小汽车，他立即赶到家，告诉自己的妻子，自己在一家二手汽车店看见一辆标价300美元的二手小汽车。妻子告诉他，如果他看好了，那就去买吧。于是弗洛姆急匆匆地再次赶到二手汽车店。"你好，先生，需要帮忙吗？""我想问一下，那辆破旧的迷你小汽车多少钱？""先生，它的价格已经贴在上面了。""这我能看见，我的意思是它的最低价格是多少？""你要是诚心想要，就卖给你250美元吧。""可是，你看轮胎都磨损了。""但是磨损的地方也不是很多啊。""反光镜好像也有点问题，而且你看这车身上还有一道划痕呢。这又怎么说呢？"

弗洛姆在汽车展销厅的时候，没有提出任何的异议，因为他根本就没有买的欲望，但是在二手汽车店，他对着一辆破旧的迷你小汽车不断地挑毛病，这实际上已经表明他很想将这辆迷你小汽车买下来，他不断挑毛病，是想将价格压得更低一些。

犹太人在买东西的时候就经常运用这种方法，将自己中意的商品价格压低。他们经常会与卖方争论不休，想尽一切办法将商品的价格压低，直到最后，卖方被折磨得已经绝望，用最低的价格卖给他们时，他们才会罢休。

商人在做生意的时候，不要被表面的现象所迷惑，假如顾客对你展示的所有东西都说喜欢，这时候，你就要考虑他买东西的诚意了，因为顾客可能只是想看一下，根本就没有买的欲望，所以这个时候，你没有必要将所有的精力放在他的身上。如果你遇到一个非常难缠的顾客，他对商品的挑剔反而说明他想将商品买下来，这时候你就需要做好打持久战的准备，只有坚持到最后的人才会是赢家。

犹太商人揣摩透了顾客的心理，对于顾客吹毛求疵的挑剔，只要冷静对待，就能抓住顾客的心。不要因为顾客的挑剔，就变得非常焦躁，这是没有必要的，顾客给商品挑毛病，正是他想将其买下的标志。

世界上的商人都应该学习犹太人揣摩顾客心理的技巧，如果遇到挑剔的顾客，最好不要刺激他们，否则，你将损失很多客户资源。

巧问问题，让顾客自己“入套”

在商场的交易中，绝对不要问答案是“是”或“否”的问题，除非你确定答案是“是”。

当顾客在买商品的时候，不要问他“你是不是想买这件”，而应该问“先生，你是想买这件还是那件”。很明显，第二个问题无论顾客说买哪件，自己都会有钱可赚。这种提问方法，在犹太人的经商原则中被称为“二选一”法则，同时它又被称为惠勒秘诀，是由犹太裔销售训练师艾米尔·惠勒发明的。

他在向学生教授课程时曾经说：“我们和客户约定见面时间的时候，不要问客户有没有时间，而是应该提出两个见面时间，让对方从中选择一个见面时间。你可以这样问客户，请问您是今天下午有时间还是明天有时间？如果他说都没有时间，那你就继续问他后天是不是有时间，就这样一直问下去，直到他将见面的准确时间告诉你为止。”

有些人在约人的时候，经常被告知明天再打电话约定见面的时间。这时，你应该意识到，明天基本上已经约不到时间了，因为客户虽然这样说，但其实这只是一个托词，客户的意思已经很明显，他不想和你面谈。所以这个时候，你一定要占据主动，千万不要因为客户这样说，就放弃了原来的目的。这个时候你可以这样说：“先生，我知道你很忙，其实我也不想浪费你的时间，我觉得今天定下下次见面的时间，要比明天打电话再约定时间更好。”这个时候客户基本上就会听从你的建议，和你约定好下次见面的时间。

用“二选一”法则，客人就会按照你提出的方案进行选择，他们一般不会再去想其他的方案。很明显，不管客人在两个选项中选择哪一个，卖家都会有利润可赚。对于答案是“是”或“否”的问题，如果客人选择“是”，商家还有利可图，客人一旦回答“否”，就没有任何回旋的余地了。

犹太人的“二选一”法则，是他们在经商的实践中逐渐总结出来的。这种提问方式不仅可以为商家带来丰厚的利润，还可以在约定时间的时候使用，用这种“步步紧逼”的方式就可以逐渐达到目的。

迅速成交，帮助顾客当机决定

犹太商人说：“每个人都想得到最好的东西，总会拼命购买他们担心可能买不到的东西。如果他们知道今天的生意在明天一样可以做成的话，他们就没有今天做这笔交易的刺激。”

犹太人在经商的过程中发现，人类很少在不加比较的情况下做决定，因为在人们的心中没有一台价值计算器，所以在不同的事物之间，人们一般不会进行比较，但是在同类的事物之间，人们一般都会进行简单的比较。如果在两个事物之间的差别不是很大的情况下，顾客经常就会为买哪件而犹豫不决。精明的犹太人在发现这一情况之后，他们通常就会用一种高明的策略将这件事解决。所以他们在做生意的时候经常会说："让客户不再犹豫。"

人们经常会将自己拥有的东西和别人拥有的东西，不自觉地进行比较，在商场同样这样，将自己手中拿的东西和另外一件进行比较，经常见到的情况是人们很难下决定到底应该买哪件。如果这个时候推销员过来向他说明一下哪个商品可能有点瑕疵，他肯定会立即购买另外一件。这就是消费者的一种心理，犹太的行为家将其称之为"锚定策略"，就是认准了的事情，就不会再将其改变，商家这样的做法能让顾客在短时间内做出决定，不浪费时间。

一位年轻的小伙子决定在美国定居，于是他准备在德克萨斯州购买一间房子，这家房地产中介公司是一个犹太人开的，一位推销员领他看了两套欧式住宅，看完以后，小伙子对这两套房子都很满意，不知道该买哪套更合适，这时推销员告诉他："其中一套的下水道有点小毛病，房主愿意优惠30美元成交。"这位小伙子听完之后，立即下决定购买另一套。过后这个小伙子才知道，其实另外一套的下水道根本就没有什么问题，只是中介公司为了让他早点下决定，所以才那样说的。另外还有一个小例子，一对年轻的恋人打算到欧洲进行旅游，他们向旅行社进行咨询，但是两个人后来却在"去巴黎"还是"去罗马"的问题上发生了争执，二人互不相让，吵得不可开交，这时旁边的导游小姐说："据说去罗马没有免费的早餐。"听完之后，二人立即下决定要去巴黎旅游。

上述这些事例中的有毛病的下水道、没有免费的早餐全是犹太人想出的商业诱饵，因为这个诱饵，人们会在不知不觉中走进商家设计好的陷阱里，从而会马上在瞬间做出自己的选择，不再犹豫。犹太商人为了让顾客早点下决定，他们经常在顾客买东西而又犹豫不决的时候，用语言刺激顾客，比如他们经常会用这样的语句："如果你现在不马上采取行动的话，估计明天就不会再有这样便宜的东西了。"于是顾客在听完这句话后，一般会立即拿钱将这件东西买下来。

犹太商人发现，人们一般喜欢买一些别人没有的东西，这样的话自己就会有种“物以稀为贵”的感觉，这是人们普遍的心理。在路上走的时候，谁愿意自己的衣服和校服似的？走在路上，千人一面，每个人在内心里都希望自己是最特殊的，就算是穿的衣服鞋子，也不希望大众化，尤其是上流阶层，他们更希望自己是标新立异的。犹太商人看透了这一点，于是他们经常会推出一些限量版的东西，这样就会吸引很多顾客争相抢购。现在一些商家的高级手表的销售就是运用的这样一种策略。现在市场上的一些手表，它们的价格既便宜，而且性能也好，它们的上市对于高级手表的销售是一种强有力的冲击，所以高级手表要想将市场打开，只能用别的营销方式。于是现在好多高级手表厂商采用限制生产量，每个种类只生产100个，这样就会造成一种“物以稀为贵”的感觉，于是这种身份象征的表，得到了广大顾客的欢迎，销路大好。

推销员在推销的过程中，会发现很多顾客始终无法下定决心，犹豫不决不知道自己到底应该购买哪个商品。如果商家对顾客这种优柔寡断的心理进行探讨，就能突破他们的防线，用一些合适的话语，帮助他们进行选择，这样的话，很容易就能做成一笔交易。

第16章

谈判较量，犹太人决胜千里的攻心策略

思想家：马克思　弗洛伊德

艺术家：毕加索　斯皮尔伯格

科学家：爱因斯坦　奥本海默

商业奇才：洛克菲勒　摩根　巴菲特　格林斯潘

政界要人：托洛茨基　基辛格　古里安　奥尔布赖特

有备无患，谈判要多留几套方案

犹太人在和别人谈判的时候，经常会在谈判之前做好准备，不会临时抱佛脚，而且他们还会充分了解对手的情报。这样在谈判的时候就不会被对方牵着鼻子走。

商务谈判中，谈判双方最初拿出的方案，应该都是对自己有利的方案，双方都希望在谈判中，自己能获得多一些的利益。因此在最后谈判的结果出来的时候，人们就会发现，最终的谈判方案不是双方最初提出的方案，而是经过变通协商之后得出的方案。

双方在谈判的过程中，常常会在你推我拉的时候忘记自己最初的意愿，或者被对方带入误区。所以这个时候，应该多准备几套方案，在对方不同意自己方案的时候，就将下一套方案拿出来。如果对方还是不满意，就再拿出一套方案。自己定的方案，肯定有利于自己。就算不主动将这些方案拿出来，在和对方商议的时候，该作出什么让步，自己心中也是有数的。这样，在对方提出解决方案的时候，自己就会知道要作多少妥协，有没有超过自己预先设想的范围。这样经过仔细思索再作出妥协，一般到谈判结束的时候，自己最起码是不会后悔的。

有些人在谈判之前，不知道多想一份方案，在谈判的时候就会手忙脚乱，将自己的不足和缺点轻易暴露在对手的视野中。对手经常会利用这样的机会争取更多的利益，由于自己没有想那么多，只能在匆忙中丧失很多利益，这样的谈判对自己而言无疑是失败的。所以犹太人在谈判前，经常根据自己的利益划定合理的最高获取目标和让步的下线——底线，根据这个范围多准备几套方案，这样在谈判的时候，自己就会有灵活进退的余地。同时对方也会有选择的余地，可以避免在谈判的时候出现尴尬的场面。所以在谈判之前，应该先对对方的情

况有个大体的了解，对对方想要达成什么样的目标，能够作出什么样的让步等涉及谈判事项的内容，都应该有个大致的估计，这样在谈判的时候才不会手忙脚乱地将自己的利益让给对方。

犹太人经常在谈判之前就将各个细节仔细地研究一遍，他们从不打无准备之仗，只要打仗必定成功。他们在谈判的时候相当自信，为了自己的利益经常是寸步不让，因为他们已经将所有的细节都考虑到了。

如果我们在谈判之前，也学习一下犹太人这种多准备几套方案的办法，那么在谈判的时候，我们也能打个漂亮仗。

巧用利益吸引，让谈判迅速达成共识

人们在进行谈判的时候，经常会为了各自的利益和对方吵得不可开交。谈判双方如果想在自己的立场上与对方达成共识，结果往往是陷入僵局，因为谁都不愿意放弃自己的立场去成全对方。所以正确的谈判方式是站在不同的立场上调和双方的利益。

比如两个人在图书馆看书，因为开窗的事发生争吵，其中一人想开窗，另外一人不让开窗，于是他们在是否开窗这个问题上一直争论不休，双方很难达成共识。这时候图书管理员过来询问二人，为什么想开窗子？为什么不让开窗？主张开窗的人说想要呼吸新鲜空气，另外一个就说怕吹过堂风。于是图书管理员就打开了相邻的窗户，这样既能呼吸新鲜空气还避免了吹过堂风。只有在不同的立场上追求共同的利益，这样的谈判才是成功的谈判。

谈判的时候，双方各自争夺的利益，是由自己所处的立场决定的，利益驱动人的行为，所以在谈判的时候最应该关注的是利益。所以犹太人在和别人谈判的时候，不会因为立场的问题而争执不休，这是没有意义的。最关键的还是站在不同的立场，在利益的占有上不断地进行协商。

人们在谈判的时候，调和利益而不是立场，这样的谈判才有效，原因就是利益可以通过多种方式得到满足，但是如果调和立场就容易

陷入僵局。谈判中，如果双方将利益摆明，再一起商讨解决方式，就容易取得共识。只要能估计双方的利益，再针对利益的占有进行谈判，就会收到很好的效果了。

现在人们谈判的时候，经常讲的就是互惠。互利互惠、皆大欢喜是谈判的一般结局。犹太人在谈判的时候，现在经常讲的也是双赢的理论，企图一方全赢或全输的谈判，势必会导致谈判的失败以至于后期交往的中断。大量的实践证明这不是谈判的发展趋势。谈判的结果应该是互利互惠的，但是这种互利互惠不是均等的，因为双方的需求有所差异，对利益的认识、分析、评价标准等各不相同，所以这个时候应该协调好双方的利益关系。只有这样冲突才会平息，双方的利益才能得到保障。

在谈判的时候，正确的做法是双方应该一起努力扩大双方的共同利益，然后再讨论和决定各自应得的比例，这就是人们常说的“将蛋糕做大”。有的人在谈判一开始的时候，就认为应该先下手为强，这样的做法是不明智的。

知己知彼，才能百战不殆

我们中国在军事上有句话叫做“知己知彼，百战不殆”，意思就是将双方的弱点和优点全部了解以后再进攻，这样在打仗的时候，才能够不断地取得胜利。犹太人在总结谈判经验的时候，也将这一条列为谈判中的一大注意事项。在谈判之前，将对方的一切都摸得一清二楚，这样在谈判的时候才会有胜算。

要想谈判成功，谈判前的准备工作显得尤为重要。尤其是时间较长的谈判，谈判前的准备工作也是漫长的，准确而又可靠的信息是谈判成功的重要基础。很多谈判失败的原因往往就是一开始的准备工作没有做好。在做准备工作的时候，一定要尽可能地多收集有利于谈判的信息，如正确的政治法律信息、市场信息、科技信息、对手及其代表团体的利益信息等。最大限度地掌握对方的信息，分析出对方的优点和缺点，充分地做到知彼，深入地了解对方在某些方面的劣势，在

谈判的时候将其放大利用，则能够在气势上战胜对方，对于对方的自信心也是一种有力的打击，这时候再乘势提出自己的某些主张，将取得很好的效果。

在谈判中最忌讳的就是对自己的优势和劣势不甚明了，甚至还不如对方研究得透，这样在谈判的时候，很容易留下遗憾。所以犹太人在谈判之前经常会将自己的优势和劣势分析得一清二楚。如果不能知己，那么在谈判的时候，很容易陷入被动的境地，不知道如何维护自己的切身利益，更不要说去占有对方的利益了。

谈判的时候，只有知己知彼，方能百战不殆。知己就是正确了解我方的谈判实力、谈判能力和一切对谈判有利或不利的因素，做到在谈判的时候能够扬长避短。知彼就是了解对方的谈判实力、谈判目的、需要、谈判策略、风格、谈判人员的特点以及对手的一切情况。在谈判桌上，谁能在信息上拥有绝对优势，谁就能做到真正的知己知彼。要想使谈判成功，最重要的就是摸清对方的想法，只要看清了对方的想法，就能让谈判结果向着自己倾斜。

有这样一个小故事。在比利时的一间画廊里，一位美国商人和一位犹太画商在激烈地讨价还价，两人争得不可开交。犹太画商带来了一些画，绝大多数开价都在十至一百美元，唯独对美国人选中的这三幅开价250美元，而且一分不让。美国商人对犹太画商这种敲竹杠的行为非常不满，迟迟不愿意成交。不料犹太画商非常生气，他拿出三幅画中的一幅，当场点燃了。美国商人见犹太画商把自己喜欢的画烧了，觉得非常可惜，他问犹太画商剩下的那两幅能不能便宜一点儿。不料犹太画商还是非常坚决，一口咬定250美元一幅，一点儿也不让步。美国商人还是嫌贵，不愿意买下。于是这位犹太画商又拿出剩下两幅画中的一幅，将其烧了。这下美国商人沉不住气了，他非常喜欢收藏名家的字画，只好低声下气地求犹太画商不要烧掉第三幅画，并愿意出250美元将它买下。犹太画商见此就将最后一幅画提价到500美元。美国商人不敢再有反抗，乖乖地付了500美元。

犹太商人善于抓住对方的想法，然后顺着对方的想法进行谈判。这位犹太画商已经看出美国商人很喜欢这三幅画，于是每幅要价250美元，又将最后的一幅提价到500美元。就因为他确信美国商人会买

才会以这样强硬的方法将谈判拿下。

警惕失误与陷阱，掌控大局

犹太人认为要想谈判成功，时机的选择也很重要。犹太人的时间观念非常强，谈判的时候按时到达是一种礼貌的表现。谈判时迟到，不管有什么理由，都会给对方留下一种不守时的印象。所以在与犹太人谈判的时候，一定要掌握好时间。

真正的谈判高手在谈判的时候，能够抓住稍纵即逝的时机，抓住恰当的时机才能在谈判中占据主动地位。在谈判的时候，各种时机经常转瞬即逝，所以要时刻保持高度的警觉，该认真的时候，绝不含糊；该坦言的时候，绝不缄口；该保持沉默的时候，绝不夸夸其谈。这样在谈判的过程中才能进退自如，始终给对手一种自信的感觉。

选择谈判时机也是一门学问，因为如果选择的时机不对，即使胜利在望的谈判，也很可能被搞得一塌糊涂。犹太人在这方面很有研究，他们总结了以下几条经验。

第一，避免在身心处于低潮时谈判。比如，在去异地谈判尤其是去国外谈判的时候，最忌讳的就是长途跋涉后立即谈判，这样的做法会让谈判者觉得很疲惫，正确的做法应该是充分休息后再进行谈判。

第二，避免在紧张的工作后进行谈判。因为这个时候人在心理和生理上都很疲乏，而且思维已经混乱，这时候谈判，肯定无法取得好效果。

第三，避免在休息日后的第一个工作日早上进行谈判。因为这个时候人们还未进入工作状态，这时谈判很难达到既定目标。

第四，避免在身体不适的时候进行谈判。当人身体不适的时候，很难集中精力进行谈判，也很难专注于谈判中的细节。

第五，不要在最急着出售某种商品或者最需要某种商品的时候进行谈判，要有适当的提前。比如，商家通常会在夏天的时候购置棉衣，在冬天的时候买风扇。

在谈判的时候，说话也要注意时机，在恰当的时机说恰当的话，

才能让谈判成功。人都是有情绪的，如果在谈判的时候不注意说话时机，说出一些激怒对方的话，谈判肯定会失败。

谈判之前，应该正确选择谈判时机，只有能高效进行谈判的时机才是谈判的最佳时机。小到公司之间的谈判，大到国家之间的谈判，都要讲究时机。时机选得好，双方就会在愉快的气氛中达成有利于双方的协议；时机选得不好，即使双方有意进行谈判，也会因为气氛的不和谐而达不成协议。

犹太人在不是很了解情况或者自己做不了主的时候，在谈判中往往会选择沉默，这样自己就不会犯言多语失的错误。但是，一旦谈判的时机有利于自己，他们就会千方百计将谈判拿下。如果在谈判的时候，双方争吵起来，就应该立即终止谈判，因为不管是哪方在气头上，接着谈判都不会有任何意义，甚至会破坏双方之间的感情。所以在这种时候，应该中止谈判，等大家都心平气和以后，再进行有效的谈判。

犹太人非常重视谈判的时机，他们认为选对了谈判的时机，就是成功了一半。所以要想保证谈判的成功，就得先选好一个恰当的时机。

别冲动，要理性从容地谈判

《塔木德》里面说过这样一句话：“带着情绪的谈判是愚蠢的。”感情用事者不适合谈判，因为他们会将自己的个人感情带入谈判中，这是非常不理智的行为，一旦情绪混乱就会导致谈判失败。

谈判应该是理智冷静的行为，所以在商业谈判时一定要控制自己的感情。谈判是和经济利益直接挂钩的，不要由于发泄不满的情绪，而失去自己的经济利益。

在谈判的时候，不应该加入过多感情因素，将情绪和复杂的个人感情因素带入谈判中，就会让自己变得很不理智，使原本简单的事情变得复杂。聪明的人能够控制情绪，而愚蠢的人会被情绪控制，这样

的人在谈判中是不可能成功的。

犹太人在谈判的时候经常强调不要让情绪控制自己的思想，带着情绪的谈判是愚蠢的。不管遇到什么样的事情，他们都能冷静地进行处理，不会让自己的情绪占据理智的上风。

有一个顾客欠了犹太人迪特的毛料公司15美元。一天，这位顾客愤怒地冲进迪特先生的办公室，说他不但不会付这笔钱，而且这辈子再也不愿意花一分钱购买迪特公司的产品了。迪特先生没有因为这个顾客的无理取闹而大发雷霆，而是耐心地听他说完。这位先生说完以后，迪特先生才冷静地说道："我要谢谢你到芝加哥来告诉我这件事情，你帮了我一个大忙，如果我们的信托部门打扰你了，他们可能也会打扰到其他主顾，那就太不幸了。我很想听到你告诉我的这些事情。"这个顾客做梦也没想到迪特会说这些话。迪特免去了对方的欠款，并说："你只有一份账目要管理，但是我们的职员要管理几千份账目。因此比起他们来，你不太会出错。既然你决定不再订我们的毛料，那我向你推荐几家其他的毛料公司。"结果这个顾客因为迪特的几句话，改变了自己的态度，签了一个大订单。后来，这位顾客一直是迪特公司的朋友和贸易伙伴。迪特并没有因为对方的愤怒而失去理智，而是冷静地处理问题。正因为如此，他才让一个本来对公司满腔怒火的顾客变成了一个忠实的贸易伙伴。

在谈判的时候，犹太人很会控制自己的情绪。人们难免会在生活中遇到一些不顺心的事，甚至无端遭受一些抱怨，这种时候不应该让愤怒战胜理智。带着情绪谈判会让一些很简单的事情变得越来越复杂，在这种情况下，人们会做出一些让自己后悔的事情。所以一定要学会控制自己的情绪，如果实在控制不住，就想办法转移情绪，千万不要因为一时冲动，做出一些愚蠢的事情。

犹太人认为谈判其实就是一种博弈，不仅是表面上的利益博弈，更重要的是人格实力的潜博弈。人们对冒犯的耐受程度，对于攻击性行为采取的态度甚至底线，都会因为对手的不同作出适当的调整。对于谈判对手的一些过分言行、情绪表现和无理要求，最好直接忽视，不要让他们激起自己的负面情绪。对于某些复杂的问题，谨慎思考后再回答，不要冒失地回答。因为有可能一个很随意的答案，会影响到

谈判对手的情绪，所以凡事都应该慎重思考。

明确目标区间，巧妙控制谈判

犹太人在谈判的时候，主张先设定一个目标区间，也就是自己的获利区间。人们在谈判的时候，为自己设定理想目标时，经常会遇到这样的难题：一方面担心自己要价太高会把谈判对手直接吓跑；另一方面怕自己要价太低，赚不到什么钱。犹太人在研究这个问题的时候，建议人们在谈判之前先为自己设定一个理想的目标区间。这样就会有很大的进退余地，同时对手也会有很大的谈判空间。

在谈判之前先为自己设定一个理想的目标，在设定理想目标的时候，一定要结合实际情况，不能随便地漫天要价。如果双方都非常坚决地维护自己的利益，毫不让步，谈判只能陷入僵局。

犹太人认为在设定目标的时候，最重要的是设定一个终极目标，也就是最低目标。在谈判的时候，可以在向对手提出自己的理想目标之后，再将自己能够接受的终极目标稍微向对手暗示一下，但是不要全部示出，而只是向谈判对手表达这样的意思：我们之间是可以谈的，我们可以共同商议一个双方都能接受的结果。

犹太人在谈判的实践中总结出一些规律：开价的时候，应该争取自己先开价，这样就会给对方一个强烈的心理暗示，间接地向对方透漏你的承受力。如果对方愿意与你进行谈判，就会陷入这个暗示所设定的区间。如果让对方先开价，对方提出的价格就会成为一个界限，让你很难摆脱。所以如果你是卖家，应该抓住机会，先开出高价，先发制人。而如果你是买家，也应该争取先开价的机会，价开得越低越好，这样就可以先给对方设置一个价格陷阱了。

在谈判的时候，人们也发明了这种“高起点，低定势”的技巧。就是破价要狠，让步要慢，一点儿一点儿地往上加价。有些谈判者经常使用这样的方法，一上来就削弱对方的信心，趁机试探对方的实力，并且借此确定对方的立场。

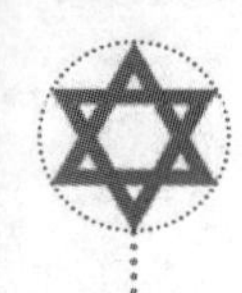

高起点虽然很好，但是往往会带有很高的风险，如果抱着自己的高起点不放手，一点儿通融的余地都没有，谈判就很难取得成功。所以在设定理想目标的同时，也应该为自己制定一个可以接受的终极目标，在理想目标和终极目标之间的目标区间内，和谈判对手商议一个最理想的谈判方案。

适当地沉默，是谈判成功的制胜法宝

在谈判中，每个人都有自己的谈判风格和谈判方法，尽管方法不同、风格迥异，但是谈判的目的是一样的，那就是达成交易。一提到谈判，人们的第一个反应就是需要好口才。但是，在犹太人的心目中，有时候谈判的成功并不是完全依赖好口才，甚至有时候，恰当地选择沉默比滔滔不绝更容易取得成功。

有些人在谈判的时候，为了让自己处于主导地位，一直不停地说，甚至使对方根本就没有插话的机会，这样的谈判非常容易招致对方的反感和厌倦，到最后只能吃闭门羹。犹太人发现，在谈判时适当地保持沉默，也是谈判成功的一种制胜法宝。

一位犹太销售员到一家电子科技公司去推销产品，电话预约后，他就带着样品和资料到了客户那里。寒暄了几句之后，这位销售员发现，这个客户是一个重价不重质的人。简单地作完产品介绍后，他让客户亲自试用了产品，客户也感觉产品很好。现在万事俱备，只剩价格问题了。这位销售员给客户报了价格，让客户自己去考虑。客户嫌报价太高，就表示其实有很多公司都想和他们合作。这位销售员没有表态，只是静静地听客户讲，他知道这个时候一定要保持沉默，只要自己不松口，对方的态度就会缓和。在谈话过程中，这位销售员说的话很少，大部分时间都在听客户说。这位客户觉得对方之所以沉默是因为对自己的产品有信心，觉得只有这样的商品才是好商品，于是就接受了销售的报价。

我们中国自古就有“沉默是金”的说法，滔滔不绝地夸赞自己的产品，未必会得到对方的赞同，时刻倾听对方的顾虑，以对方的视角

来思考问题，才能得到对方的赞同和支持。

谈判其实就是心和心的较量，在谈判中，比的就是谁更有耐心坚持自己的立场。通常情况下，谁更有耐心坚持下去，谁就会取得成功。沉默不仅能够使对方让步，还能最大限度地掩饰自己的底牌。在不清楚对方意图的情况下，有效地保持沉默，会让对方重新思考开出的条件，而且沉默的态度还能让自己处于主动的位置。

但是，沉默也是有限度的，一味地沉默会让对方无法了解你的真实意图，这会在无形中给你制造一些谈判的阻碍。在谈判中运用好沉默的战术也是一门学问，要想让沉默在谈判中起到恰当的作用，就要在平时逐渐锻炼自己的能力。该沉默的时候，就要缄口不言，这样可以让对方更认真地思考你的方案，也只有这样双方才能在谈判中找到利益均衡点。

犹太人在谈判中，经常运用这种策略，正因为如此，他们在谈判中经常处于主动的位置。他们经常等到对手词穷后再说出自己的异议和顾虑。他们经常在协商方案出炉之前，一直保持沉默，对方由于不知道他们的真实意图，经常会在一次次的协商中，不断提出有利于他们的条件。而这正好上了犹太人的当，他们开始时的沉默是为了以后的重拳出击。当对方被自己折磨得快崩溃时，犹太人会给对方一记重拳，让对方在迷迷糊糊中，失去很多利益。

在日常生活中，我们不妨也学习一下这种谈判策略，用沉默坚守自己的立场。在谈判中，谁先沉不住气，谁就会失败。沉得住气，保持沉默，该出手的时候，快速攻击对方。这样一来，相信成功就在眼前。

让对方看到好处，互惠互利才是真谛

犹太人认为在和竞争对手谈判的时候，应该适当地给对方一点好处。在谈判的时候寸土不让，这样的合作是不能获得对方的好感的，所以犹太人在和人谈判时，不仅会考虑到自己的利益，同时他也会主动地给对方一点甜头的。

商业谈判就是本着互惠互利的原则，如果只考虑到自己一方的利益，而根本就无视对方的利益，谁又愿意白白地将好处赠送给对方呢？天下是没有免费的午餐的。只要双方决定谈判，那肯定都是想将合作关系继续下去，所以不要因为对手很强势，就放弃自己的立场，失掉自己的利益。

一位犹太商人就说："虽然在谈判中，要最大限度地争取自己的利益，但也绝不可以将所有的好处都占尽。"适当的给对手一些好处，这样对手才愿意和你一起合作，去创造更多更大的利益。谈判与球赛还有战争的结果是不同的，在球赛中只能有一个赢家，另外一个就是输的一方。而在谈判的时候不是这样，双方之间不需要分出个谁赢谁输，现在的谈判坚持的是双赢的理念，即双方都应该是赢家，只是有一方的利益可能会比另一方的利益多一些。但是另一方的利益虽然是少一些，对自己还是有利的，也是值得自己去合作的，只有这样的合作关系，才能继续进行下去。

犹太人在和人谈判的过程中，总会预先设计好自己的利益范围，然后在与合作伙伴的交谈中再协商自己所应得的利益。由于犹太人挑选合作伙伴的要求非常严格，所以找到一个真正能够长期合作的伙伴很不容易，于是在和对方再谈合作事项的时候，为了能够让自己以后能够将生意越做越大，他们甚至可以放弃自己的一些利益让给对方，好让对方能够和他们继续合作下去。因为他们相信，只要合作能够继续进行下去，自己今天让出去的这些利益，在不久的将来，一定能再赚回来。他们毫不担心自己会吃亏。

现在的人们，追求的都是自己的利益，很多人为了追求自己的利益，甚至不惜牺牲对手的利益，他们这样的做法，最后只能是招致合作关系的破裂，还有以后生意往来的上的绝交，这样的做法是非常得不偿失的。就像驴和马共同背负着几袋子物品去镇上，在路上的时候，驴明显的感觉到自己负重已经超过了负荷，于是他就请求马帮自己背一点东西，让自己减轻点负担，继续上路，但是马坚决不同意，它认为这样会累着自己。于是驴在求了几遍无果后，终于累死在了半路上。这时主人就将驴身上的东西全都搬到了马的身上，而且还将驴的尸体也放在了马的身上，马这时后悔极了，它非常后悔自己为什么

没有帮驴背点东西，这时候他背的东西要比帮驴背点东西沉得多。

在谈判中不知道分给对方好处的人，就是一匹看不见未来的马，现在的社会已经不是单枪匹马就可以在商界上叱咤风云的时候了，不管现在你有多强大，假如不知道找些合作伙伴，自己终究会淹没在一片合作的潮流中。现在合作已经成为主潮流，不管是一个大企业求发展，还是一家小公司求生存，找一个适合自己的合作伙伴，自己不知道会省下多少的财力和精力。在合作中最主要的关键还是在谈判的时候，如何分割利益。如果不给对手一点好处，对手是不会轻易和你合作的。一个只看到自己利益的企业，是一个不知道如何团结力量的企业，只有将对手的利益也考虑在内，同时给对手一些恰当的好处，尤其是一方强势，一方稍弱的时候，这种策略就更适用了。

犹太商人知道适当的给对手一点好处，自己就能在谈判中处于主动的地位，对手也会愿意和你进行接下来的合作，就算是这次自己吃亏了，只要合作关系不断，精明的犹太人总会有机会赚回属于自己的好处。

第17章

商机利益，犹太人稳赚不赔的生意经

思想家：马克思　弗洛伊德

艺术家：毕加索　斯皮尔伯格

科学家：爱因斯坦　奥本海默

商业奇才：洛克菲勒　摩根　巴菲特　格林斯潘

政界要人：托洛茨基　基辛格　古里安　奥尔布赖特

和气生财，买卖不成情意在

犹太人在做生意的时候，经常会说："生意不成，也要笑脸相迎。"犹太人非常重视和合作伙伴的关系，他们认为即使生意没有做成，也不能破坏双方之间的友谊，说不定以后还会需要对方的帮助。

犹太商人做生意强调和气生财，所以他们和别人在做生意时总是笑脸相迎，即使与对方产生意见分歧，他们也会笑着说出反对意见。如果在交涉时双方产生了很大的分歧，甚至发生争执，犹太人在第二天和合作伙伴见面的时候，依然会笑着向对方问好，好像前一天的事情根本就没有发生过一样。

犹太人卡尔是一位卖砖的商人，在和一位建筑商的合作中，由于砖的型号问题，两人进行了一场口水战，最终建筑商没有用卡尔公司的砖，而是选择了其他公司的产品，这让卡尔非常生气。回到家，他将这件事情告诉了妻子，他的妻子对他说："就算生意做不成，也不能和对方闹翻啊！买卖不成仁义在啊！"妻子的话让卡尔觉得醍醐灌顶，自己被气昏了头，竟然和建筑商大吵了一架。一晚上他都在想如何弥补自己的错误。第二天，他又找到那个建筑商，很真诚地向对方道歉，同时表示愿意和对方继续合作。建筑商对卡尔的这种转变非常惊讶，因为他没想到卡尔对自己这么客气，于是双方握手言和，还相约一起去喝酒。两个月之后，卡尔接到了建筑商的订单，这次卡尔赚了25万美元。

犹太人做生意讲究和气生财已经有很久的历史了。因为种种原因，最后没能谈成生意，他们也会与对方保持良好的关系，多个朋友就会多条路。犹太人在这种时候会为自己留下一条后路，为以后的生意做好铺垫。

犹太商人对所有合作伙伴都笑脸相迎的策略，为他们广纳四方之财提供了非常大的帮助。很多世界级的企业都是这方面的典范。现在很多商家都打出微笑服务的招牌，这样有亲和力的服务，能够吸引顾客不断地光顾，不断地拉来回头客。

对每个生意伙伴笑脸相迎，对方也会时时记着你的，当有合适的生意时，他们说不定就会照顾你。

利用最后期限，与对方快速达成协议

犹太人在生意场上有很多值得其他商人学习的地方。在犹太人的经商法典中有这样一句话："设定最后期限要比打持久战更奏效。"有时，虽然已经准备好打持久战，但是却忽略了最关键的最后期限，如果被对手抓住这个漏洞，即使做了最好的准备也一样会输。

犹太商人为了实现自己的目的，经常会用各种方法达成心愿。在和合作伙伴谈判的时候，如果双方始终无法谈拢，且有打持久战的征兆，犹太人就会使出自己杀手锏——提出最后期限。这样做经常会让对手手忙脚乱，从而使自己达到目的。

犹太人在和别人打交道的时候，如果想展开持久战，而对方时间不充裕，他们就会想办法先套出对手的最后期限，然后与对手耗时间，直到最后期限到来时才正式展开谈判，这个时候对手已经没有时间继续和他们争辩下去了，犹太人就会因此赢得大部分利益。犹太人发现，用设定最后期限的方式很容易做成自己想做却始终无法实现的事情，因为一旦设定最后期限，无形之中就会给对手施加很多压力。

使用设定最后期限这招时，有几点需要注意。首先，要出其不意地向对手提出自己的最后期限，只有这样才能收到奇效，对手才会没有时间提出更好的解决方案。双方已经拉开了持久战，说明双方还是想合作的，对方肯定会想办法将你留下，况且最后关头，谁也不想放弃现在的合作伙伴再找一个合作伙伴重新谈起，这样既浪费时间和精力又耽误事。其次，提出的最后期限一定要明确，不要用含糊的语

言，否则对方会觉得你只是在唬人，不会认真对待。如果提出明确的时间，就能表明自己的态度很坚决。

犹太人经常在最后期限上做文章，这样不仅可以尽快地达到自己的目的，还能表明自己的立场。用这种方法之前，一定要先摸透对方的心理，如果对方巴不得你快点走，你用这种方法就是搬起石头砸自己的脚了。

不要贪食，懂分享让生意越发红火

现在的生意场，已经不能仅靠一个人或一个团体独撑一片天了，社会的分工越来越细，只有大家一起合作，才能将生意做大做强。很多商家已经看出来，市场这个大蛋糕不是一个人就能独吞的，只有将这个大蛋糕分成多块，让每个人都有得吃的，大家的生意才能越做越红火。

犹太人认为应该和竞争对手搞好关系。对竞争对手进行贬低、嘲讽、恶语中伤，通常是妒忌心太强的表现。这种情况在同事之间也经常出现，因为妒忌同事的业绩，所以就在客户面前说同事的坏话，这样做不仅会毁掉自己的前途，甚至会带来无法挽回的损失。

犹太人汤姆是一个非常优秀的推销员。他做房屋中介的业务员时，一位名叫艾克的同事非常妒忌他的业绩，将汤姆看做眼中钉、肉中刺，总是想将汤姆挤下去。一次，艾克接待了一位客户，这个客户是汤姆的一位老客户介绍来的，他很想在这里买三套房子，并希望汤姆能够为他服务，但是汤姆并不在现场。于是公司就安排艾克负责带着客户四处看房子。在参观的过程中，艾克一直在说汤姆的不是，并告诉客户汤姆为人狡诈，经常欺骗客户，等等。艾克在这一次交谈中，将对汤姆的不满一吐为快。三天之后，客户打来电话，说他不准备在这家中介公司买房子了，原因是“连汤姆这么知名的交易员都不可信赖，这家公司肯定不值得信赖”。公司调查清楚事情的真相后，将艾克辞退了，艾克因为自己的妒忌心丢掉了自己的饭碗。

如何处理好与竞争对手的关系已经成为当下一个非常受重视的话

题，犹太人在这方面也总结出了一些经验。首先，应该公平客观地对待竞争对手。公司之间的竞争手段应该是合法的，而且竞争对手之间应该互相帮助，共享资源，应该是朋友的关系。

其次，市场竞争非常激烈，处于同一个市场的商家不应该有冤家路窄的感觉，而应该友好相处，只有这样才能互相学习、共同提高。

在市场竞争中，双方为了生存发展，展开竞争也是应该的，用不法的手段击垮对手是行不通的，而且在道德上也会被人谴责。现在的社会是一个多元化的社会，每个人都有自己擅长的领域，同时也会有不熟悉的地方。竞争对手生产的商品，可能自己的公司不能生产，自己生产的产品可能对手就没有。如果大家能够友好相处，就能够共同利用客户之间的需求。如果将自己的客户推荐给对手，对手也会将他们的客户推荐给你，这样一来，双方的生意就能互通，大家的生意也会更好做。

在做生意的时候，市场这个大蛋糕必须和别人一起吃，如果大家都想独吞，就会都没得吃。

生意合作，不要用感情做基础

犹太人对待合作非常谨慎。《塔木德》告诫犹太人，以感情为基础的合作不可靠，还是要理智地对待合作。合作伙伴之间应该以感情为纽带，以制度为约束。

犹太人在与人合作的时候，不是以感情作为合作的基础，而是经过慎重的考察、严格的甄选之后才选出自己的合作伙伴。双方在合作之初，就会定下非常严格的制度，这样就能避免因为人事的变动使合作关系发生改变。事实证明，感情只能作为纽带，不能作为保障，一旦出现纠纷，只有用制度来解决。

犹太人认为，与人合作，目的就是共担风险，扬长避短，创造出最大的财富。只有这样才能既壮大自己的力量，又占有更多的市场。犹太人非常重视合作，成功的合作，不仅可以节省花费和精力，还能收到更好的效果；失败的合作，有可能让自己血本无归。因此，要想

合作成功，就必须严格地挑选合作伙伴，犹太人在选择合作伙伴方面的严格是出了名的。

在挑选合作伙伴这方面，犹太人有一套自己的经验：不与不学无术、没有特长的人合作，不与对人持怀疑态度、不能以诚相待的人合作，不与善于见风使舵者合作，不与思想保守、固执己见的人合作，不与不守诚信的人合作，等等。犹太人认为选择一个好的合作伙伴对于以后的合作至关重要，这直接影响合作的成败。

在现实生活中，一些合作很难成功，就是因为合作之初感情的成分太多，一开始大家还能同风雨共患难，一旦胜利的果实结出来了，大家就开始为了谁应该拿大份而大动干戈。这样做不仅毁了以往的交情，还破坏了以后发展的可能，代价实在是太大了。

犹太人在合作伊始，就会将今后合作中的注意事项写得条分缕析。他们会随时记下谈判中的一些事项，在牵涉自己利益的问题上总是非常细心和谨慎。

在和犹太人打交道的时候，人们经常觉得得掉一层皮，因为他们在生意场上是不讲交情的，他们只会冷静地分析这次的合作是不是能够成功。与犹太人合作时，一开始人们可能难以接受他们的理智，但是时间一久人们就会发现，其实和犹太人合作是一件不错的事情。因为在签订合约之后，他们会严格地按照合约做事。他们这种重视合作、理智冷静地对待合作的态度，既能保障自己的事业成功，也能对合作伙伴负责。

我们应该好好学习犹太人这种严谨的态度，不能让自己的感情左右合作。冷静理智地对待合作是每个商人都应该做的一门学问，合作不是为了面子，而是为了前途。凭借感情达成的合作，经不起时间的考验。

想壮大自己，就要学会兼收并蓄

现在，市场的竞争如此激烈，市场的行情瞬息万变，今天还生意兴隆的公司，明天也许就会破产倒闭。对手之间的竞

争更是异常激烈，有时即使为了争取一个客户也得使出浑身解数。为了应付越来越激烈的竞争，犹太人在实践中总结出了这样一个方法，如果不能将对手击败，那就与其结合。

犹太人总结出的这种经验既为自己的未来找到一条新的出路，又能使自己的力量不断地壮大，这样的事情，何乐而不为呢？

在现代的经济模式下，许多商业项目是非常庞杂的，一家独立的公司很难将所有的事情都做得面面俱到。金融风暴一来，不知道有多少家企业沉入“海底”，只有树大根深的大企业才能抵挡得住这种狂风暴雨。有些精明的犹太人就是看中了大型企业保驾护航的作用，才积极地为自己寻找一个庇护所，这样做不仅能够保存实力，还能让自己的事业继续发展。一家小公司要想在经济大潮中发展下去，最好的办法就是和实力强大的人公司共同承担风险，这样就可以避免沉船的危险。

在犹太人的心目中，不能打败对手就说明自己的经济实力无法和对手匹敌。如果继续竞争下去，只有死路一条。因此，他们会向对方屈服，将自己的公司和对方公司合并，这样一来，自己的公司不仅不会消失，还会增强实力，在以后的竞争中，会更有能力应对风雨。

有些人固执己见，认为和别人结合是向对方妥协的一种表现。他们会继续顽强抵抗下去，结果可想而知。一个企业要想在激烈的竞争中不断地发展，最重要的就是找一些合作伙伴，很多犹太人创办的企业都实行强强联手，这样做会比单打独斗省力多了。而且合并后的公司在市场上会更有战斗力，尤其是两个实力相当的合作伙伴结合，在市场上能创造出比原来多数倍的价值。

做女人的生意，就要抓住女人的视角

犹太人很早就知道做女人的生意是一项永远赚钱的生意，犹太人的圣经《塔木德》上就说，世界上最挣钱的两个生意，就是嘴巴和女人。犹太人在女人的生意上，千百年来不知道赚了

多少钱财!

很多犹太人都是通过做女人生意才在世界上成为金融大亨的，比如著名的梅西百货就是靠赚女人的钱发大财的。无论是经营女用高级日用品，还是日常的小杂物，只要是给女人准备的，总会有相当丰厚的利润。

犹太人在女性的生意上总结出了几个关于女人购物时的特点：从众、冲动、发泄。

女人都是爱慕虚荣的，每个女人在内心里都希望自己也能像大明星一样，光彩亮丽永远吸引别人的眼球，虽然不是每个人都能成为耀眼的大明星，但女人还是愿意出钱将自己收拾得漂漂亮亮的。

女人经常有一种从众的心理，只要是第一个人穿上好看，就会有第二个、第三个、第四个人穿……就这样穿的人越来越多，大家开始竞相模仿，于是就在社会上涌起了一股从众的潮流，这样商家就会争相做这种生意，因为大家看见了前景的美好。这个潮流一过，更多的潮流就涌了上来。

女性消费者消费的时候，经常带有很明显的情感色彩，犹太商人就说过这样一句话：“女人会花一元钱买下价值两元钱的东西，但是这个东西她实际上根本就不需要。”女人喜欢在街上闲逛，虽然没有什么购物的目标，但是一看见商家打出什么东西大促销的时候，就是自己明明不需要，她也会毫不顾忌的将它买下来。所以好多犹太人，经常会在自己的商店里打出什么东西打折优惠，什么东西又降价销售，这些都是为了吸引女人的眼球，其实就算商家是在打折，可是他还是会赚到很多钱的。

女人在遇到不顺心的事情的时候，经常会拿购物作为自己的宣泄方式，她们在这种时候根本就不会在意商品的价格，只要能将自己的钱花出去，就像是将自己心里的郁闷情绪统统赶出去了一样，她们的心情也会因此变好，这样又为商家送去不少钱!

犹太商人早就看出女人花钱的时候，经常不是很在意价钱，有的很重视质量，一些有钱人经常需要一些上档次的金银珠宝，这种生意通常是不会打折的，有由于犹太人的经商模式是厚利适销，所以商家

经常会将商品的价格定的高一些，完全不担心没有人买，好些有钱人需要的就是这样能够彰显她们身份的东西。

女人都是爱攀比的，她们可以就为了能买一件压过某人的衣服，可以饭也不吃，觉也不睡。女人在为自己添置衣服、化妆品以及首饰上，为了买下自己喜欢的东西，她们经常可以不惜血本。世界上只有没钱的男人，不会有没钱的女人。女人在犹太人的心目中，那就是一个能发大财的女神。世界上现在做女人生意的店特别多，人们都已经看出女性生意的利润大，赚钱容易，而且这个生意会久盛不衰，只要时刻跟上潮流，眼睛随着女人转，脑袋再活泛着点，就永远不会被淘汰。犹太人在世界上的女装事业是非常有名的，以色列虽然不产钻石，但是它却是世界上最大的钻石加工地，每年从犹太出口的钻石销往世界各地的钻石卖场，犹太人不知道赚了多少钱。犹太人在做女性的生意上是非常成功的，同时也是世界上商人值得学习的。

犹太人在这方面的成功，不仅是因为他们的精明头脑，更重要的就是他们长远的商业眼光，还有她们善于揣摩女性顾客心理，假如其他的商家也能这样的做生意，人人都会赚大钱。

开源节流，合理用钱才能赢得更多财富

犹太人之所以能成为世界第一商人，不仅与他们精明的商业头脑有关，更重要地是他们会想尽一切办法挣钱。很多时候，钱不知要经过多少道工序才能到自己的手中，为了赚到更多的钱，犹太人经常会想办法从源头上赚钱。

犹太人哈默在几经失败后，终于成功开采出天然气，这使他非常高兴。他兴冲冲地赶往太平洋煤气与电力公司，准备与对方签订为期20年的天然气出售合同。但是，太平洋煤气与电力公司却用短短几句话，就将哈默打发了。他们明确表示不需要哈默的天然气，因为他们已经斥巨资准备修建一条从加拿大到旧金山的天然气管道，大量的天然气能够通过管道从加拿大源源不断地输来。这对哈默来说，无疑

是被当头泼了一盆冷水，他一下子就变得手足无措。冷静之后，他想出了一个釜底抽薪的办法。他立即前往洛杉矶，因为太平洋煤气与电力公司的主要客户就是该市，该市是天然气的主要消费城市。哈默找到该市的议员，绘声绘色地描绘了他计划修筑一条直通洛杉矶市的天然气管道的设想，他将以低于太平洋煤气与电力公司和其他任何公司的价格将这条管道出售给洛杉矶市。议员心动了，准备接受哈默的建议。哈默的招数果然奏效，太平洋煤气与电力公司得到消息后，非常惊讶，立即找到哈默，表示愿意与哈默合作。这时哈默处于了主动的地位，他提出了一系列很苛刻的条件，对方只能乖乖接受。

因为哈默能够从源头上找到赚钱的机会，所以他能轻松地找到制伏太平洋煤气与电力公司的方法，这也为他赢得了主动权。所以说从源头上赚钱才是真正有效的赚钱方法。

有些商家在做生意的时候，不知道从源头上赚钞票，这样一来，他们只能从中间的某个环节赚取微小的利润，而且他们的竞争对手也会给他们带来很多竞争压力。如果能够从源头上赚钱，就能处于主动地位，这样在中间环节上就会有很多主动选择的权力，就能够赚取大量的利润。

我们应该学习犹太人的这种做法，尽量从源头上赚钱。如果你是一个零售商，你就应该和厂家取得联系，而不是从批发商那里拿货，这样既能在进货的时候省下一笔钱，又能直接从厂家那里解决售后的问题。

犹太人的先辈通过经商的实践很早就总结出了从源头上赚钱的理论。财源就像水源，源头的水，既干净新鲜，又源源不断。

挖掘无限商机，财富就在你的眼中

世界上缺少的不是商机，而是缺少发现商机的眼睛。犹太人在商场上之所以能够如此成功，就是因为他们能在平常的事情中，发现与众不同的商机。因为发现了这些商机，他们才能够不

断地将大笔的钱赚进自己的腰包。

犹太人经常说，有发现才会有发展。很多成功的犹太商人用他们的例子告诉我们，他们之所以能如此成功，就是因为他们能够通过自己的发现，在最初创业的时候为自己赚得人生的第一桶金。就是因为这第一桶金，他们才能不断地将自己的事业扩大。

一提到“参孙办公”，很多人就会想到商用公事包和皮箱。犹太人伟达是参孙办公的创始人。1900年年初，伟达随父亲从东欧移民到美国。最初，父亲在纽约开了一家小杂货店，以此维持父子俩的生活，但是生意很不好。后来，他们又搬到芝加哥做其他买卖，结果又失败了。后来，他们又到了迪邦，伟达的父亲开始做蔬菜生意。看着父亲每天忙忙碌碌，仍然衣食无着，伟达对父亲说：“让我来经营吧！”迪邦是有名的疗养胜地，每年的客人络绎不绝。在蔬菜店的门口，伟达发现很多客人提着破损的提箱经过。于是，他把父亲的蔬菜店改成了皮包店。因为皮包店的位置靠近停车场，所以生意很好。短短两年的时间，伟达的店皮包销量就高居全美第一，店铺的规模也越来越大。虽然伟达的店只在农村的一间小平房中，但是店里有纽约最新潮的、世界著名设计师设计的时尚皮包。他的店越来越出名。在此期间，美国著名的生产厂商都想和伟达见上一面，表达他们的感激之情，他们决定一起宴请伟达。当伟达从车上下来时，人们都惊呆了，因为谁也没有想到，这位鼎鼎有名的商人竟然是一个只有16岁的少年。后来，伟达决定自己生产皮包，他专门研究经受碰撞之后不容易破损的坚固皮包。他将自己生产的皮包称为“参孙”，因为小时候他一直被一个有超凡能力的英雄感动着，这个英雄的名字就是参孙。现在，参孙办公已经成为举世闻名的办公用品品牌。

做生意成功的关键不是有多少赚钱的经验和能力，而是有没有赚钱的眼光。如果没有眼光，生意只会越做越赔；如果有眼光，就是再平常的生意，也能做得有声有色。

如果想通过做生意赚钱，就应该学习一下这种方法。先要找到一件能让自己赚钱的事物，人们需要而市场上没有的东西，或者大家都看得到的，却没人想做的生意，都是很好的切入点。只要能赚到第一桶金，就能在以后的生意中越做越顺手，只要不断地进取和创新，时刻督促自己前进，就一定能够将自己的生意不断做大做强。或许未来的某一天，你也能像犹太人一样会赚钱。

第18章

合作双赢，唯有协作才能创造辉煌

思想家：马克思　弗洛伊德

艺术家：毕加索　斯皮尔伯格

科学家：爱因斯坦　奥本海默

商业奇才：洛克菲勒　摩根　巴菲特　格林斯潘

政界要人：托洛茨基　基辛格　古里安　奥尔布赖特

势单力薄，唯有合作才能步入辉煌

现代社会是一个分工越来越细的社会，现在的商人如果想成功，单凭自己一个人或一支团队的力量是远远不够的。犹太商人就非常重视合作的力量，他们认为一个旗鼓相当的合作伙伴是成功的一半，合作不仅可以扬长避短，共同承担风险，而且还可以增大双方各自的力量。这在商场上，就是成功的砝码。

犹太人对于合作伙伴的甄选也是非常严格的，这实际上是他们对自己事业负责的表现。找合作伙伴的目的就是让自己的生意越做越好，如果合作伙伴不怎么样，只能让自己的生意越做越差，这根本就没有合作的必要。犹太人不喜欢找一个比自己强很多的合作伙伴，实力太强，就会有大鱼吃小鱼的担忧，但是如果双方决定合作，那么肯定是各有所需，实力弱的公司没有必要一味地忍让实力强大的公司，这样一味地遵照他的意思行事，自己的处境只会越来越差，可能还不如合作之前。

在现实生活中，合作往往是很难成功的，往往是在最初创业的时候，合作容易进行。但是一旦有了胜利的果实，双方就会为了争得最大的利益吵得面红耳赤，这样只会招致合作的失败。犹太人就将这一切看得很清楚，所以他们选的合作伙伴一般都是志同道合、素质高的合作伙伴。同时他们会签订详细完善的合作协议，仅仅以感情为纽带来维护的合作关系是不可靠的，他们认为好的合作关系其实是以感情为纽带，以契约为标准的关系。

在著名的商业合作案例中，我们经常会发现犹太人的身影。著名的犹太银行家莱曼兄弟，产业传到第二代莱曼的手里时，商行的势力已经扩大到运输业和橡胶轮胎业。这期间，莱曼家族同其他几家犹太富豪结成了姻亲关系，例如刘奇森家族把治铜业带进了莱曼

家族的范围。同萨克斯公司合作之后，莱曼家族成了华尔街的大人物。20世纪60年代，美国步入了经济繁荣期，莱曼公司的全部资金都投入了联合大企业，当时公司大出风头，成为了企业兼并和盘购狂潮的领头人。

犹太人理智地对待自己的合作伙伴和合作关系，因为他们知道合作是成功的基石。犹太商人的这种群体意识，还曾于20世纪的60年代，产生了一种崭新的事业形式——联合大企业。它拥有各种性质各异的利润中心，它的主要赢利中只有一部分来自新产品、市场的渗透、收入的增长、均衡发展以及价格赢利率的提高，更大一部分是利用多家联合的强大势头兼并和盘购，产生了一大批由华尔街认购、出售和买卖新公司的股票。

现在的社会是一个资源共享的社会，一个人或一个团体所占有的资源毕竟是有限的，通过合作就会将更多的资源实现共享。现在的商业竞争如此激烈，合作团结已经成了世界上有志之士的共识。21世纪的今天不会寻求合作的人，就不会在竞争如此激烈的今天走的很远，总有一天他会被淘汰的。

在现代的经济模式下，许多的商业项目都是非常复杂的，任何一家企业都无法独自完成。不同的企业，在管理、人才、市场、业务、地域和核心技术等方面各具所长，也各有所短。也只有承认各方的优势和互补性，携手合作，才能将市场这个大蛋糕切开，才能为大家带来更多的利益。

未来的社会是一个多元的社会，闭门造车是行不通的，现在的科技发展如此迅速，技术如此先进，合作已经不再局限于本国之内，国际之间很多问题也不是凭借一个国家的实力就能解决的，有长远发展眼光的人，会懂得合作的价值，并且会积极寻找自己合适的合作伙伴。只有这样，自己才能是最后的赢家。

公平公正是合作交易的筹码

犹太人认为在交易中最重要的就是公平，他们认为在购买物品时，即使事先没有声明，也应该购买品质良好的商品，如果购买的商品存在瑕疵，就算商人已经挂出“货物出门，概不退换”的牌子，他们也要退货，而且他们认为商人必须同意退货，否则就是欺诈的行为，会受到人们的谴责。犹太人之所以在金融方面威风八面，与他们坚守诚信不无关系。

由于犹太民族较早地从事商业性活动，因此他们很久以前就致力于使商业活动规范化的工作。《羊皮卷》中提出的一些观念，被公认为现代商业法规的思想渊源，并为以契约关系为基础的商业运作提供了思想基础和法律规范。

《羊皮卷》非常注重公平的交易，并且为此做了重重的规定。比如，犹太人专门有监督买卖度量的官员，丈量土地的绳子在冬天和夏天的长度不一样，因为随着天气变化，绳子的长短也会发生变化；出卖液体货品的泵底若有残渣，则被视为不公平，官员就会出来干涉；砝码的底部必须经常进行清洁，以保持分量的准足，在卖方计算不准的情况下，买方有权进行重新计算。

在广告的设计上，也有很多的规定。比如，卖牛的时候，禁止给牛涂上不同的颜色；禁止给使用工具涂上鲜艳的颜色，以旧充新；禁止将新鲜的水果和腐烂的水果放在一起出售。在商品的价格定位上，《羊皮卷》也有明确的规定。由于没有客观的统一价格，成交价一般都是在讨价还价中达成的，因此如果成交价高于一般价格的16%，则这一买卖行为自动失效，买方可以退货。如果买方买下了自己不熟悉的产品，那么他有权利在一星期之内向专业人士请教，一星期之后，再决定是否退货，这样就能维护消费者的利益。

《羊皮卷》中有这样一则案例。有一个拉比看中了一块地皮，于是就先和卖方商议好了价格，可是第二个拉比直接就将它买了下来。有一天，一个人看见第二个拉比，就问他：“有个人想买糖果，

来到糖果店，想先查验一下糖果的质量，这时另外一个人走了进来，连问也不问直接将糖果买了下来，你说这样的人，应该怎么样评价才好？”第二个拉比回答道：“当然第二个人是坏人了。”于是那个人就告诉他，他买的那块土地，其实早就有人看好了，正在交涉中，他来了直接就将它买走了。事已至此，该怎么解决呢？将土地重新卖出去，肯定不吉利，将它送给第一个拉比，自己又心有不甘，到底该怎样做呢？最终，第二个拉比将自己买的地直接捐给了一所学校。

在《羊皮卷》中，人们容易发现一些现代公平竞争、正当竞争、如实说明等商业法规的基本思想和原始做法。犹太民族的先哲们在其他民族还处于农耕时代时，就已经着手研究关于商业交易的原则，并对此做出种种规定，真是具有先见之明。这些法规在现代生活中，已被证明是合理和有效的，对于现代的商业规定具有借鉴意义。这种思路和具体的规范，对犹太人在商业上的成功有深远的影响。

犹太人从很早以前就很重视交易中的一些规定，他们在商场上按照这些原则进行交易，这也为他们带来了良好的声誉。犹太人在交易中信守承诺、信守契约的品德值得其他民族的商人学习。

“亲历亲为”未必是聪明的做法

人们做事，不应该有凡事都自己来的想法，尤其是领导者，更不应该有这样的想法。事必躬亲不仅会让自己很累，而且也不会有什么好结果。作为一个出色的领导者，重要的就是懂得如何放权，只有这样才能将工作越做越好，不相信任何员工、只相信自己的人，永远也无法将工作做好。

真正的领导者，不一定自己的能力有多强，只要懂得信任，懂得放权给自己的手下，就能使自己的力量变得更加强大，就能不断地抬高自己的身价。相反，如果只是一味地怀疑自己手下的人，除了自己谁也不相信，事必躬亲，这样的人永远也成不了优秀的领导者。

一个优秀的领导者要能将手下人的潜力全部激发出来，让他们在适当的位置上，将自己的智慧发挥出来。领导者的主要责任不是将精

力放在销售、公关、设计上，而是将自己的精力放在如何将相关人员全部集中在一起，让他们能够更有效地工作，在最短的时间内为公司创造更多的价值。

优秀的领导者应该知道如何相信自己的手下，应该学会将职权放给自己的手下，而不是将各种权力都集中在自己的手中。人的精力毕竟是有限的，在一方面投入的精力多，在另一方面投入的就会相对少一些。犹太人的商业智慧中，有一条78：22的原则，就是说公司只有22%的人掌握着公司78%的权力，所以公司的领导一般都会放权给这22%的人，这样领导就会更有时间和精力去管理其他事情。

犹太人会将自己的权力下放给对工作流程最熟悉、对工作比较负责的人，形成一个比较严明的监察体制。犹太人认为一个人最重要的是将自己分内的工作做好，不用对什么事情都精通，只要对自己从事的职业精通就可以了。

犹太人很重视团结的力量，他们明白要想成就大事，只凭一个人的力量是远远不够的，因为一个公司有那么多部门和那么多琐碎的事情，不是凭借一个人的力量能完成的，只有将所有人的智慧集中在一起，才能将一个公司打理好，才能让员工尽力将自己的事情做好，领导者才有让人愿意和他共事的魅力。这样不仅省时省力，还可以提高效率。

领导也好，普通人也罢，凡事都要自己来的想法是要不得的。犹太人从孩子很小的时候就告诫他们一定要做好自己应该做的事情，无论做什么事情，都一定要用上所有的资源，只有这样才能最大限度地将事情做好。不要太固执地相信自己的实力，不要以为别人就是不如你，这是一种误区，别人精通的东西你未必可以做到，所以应该记住，不要凡事都自己做。

真诚地帮助他人，你会获得更多

在人的一生中，谁不曾接受过别人的帮助，谁又曾没有帮助过别人。犹太人有一句名言：“帮助别人就是帮助自

己。”爱默生也曾经说过：“人生最美丽的补偿之一就是自己真诚的帮助了别人之后，别人也真诚的帮助了自己。”所以不要以为自己不需要别人的帮助，也不要以为自己太过渺小，根本就没有任何帮助别人的地方。

帮别人就是帮助了自己，这话真的是太正确了。无论是在生活上还是工作上，这句话永远不会失去它永恒的魅力。在帮助别人的过程中，同时也让自己的境界得以升华，这样就在无形之中，提高了自己的境界。犹太人在生意场上也非常注意帮助别人，这是很有长远眼光的一种做法，因为说不定哪天自己生意上就会遇到一些自己不能解决的难题，帮助别人无形之中就会为自己的以后铺路。

有一个生产鞋的工厂，这个工厂的厂长是一个犹太人，这个犹太人非常热心，而且非常乐于助人，不管是对于零售商还是代理商，他都很热情，所以人们都喜欢去他的厂子里批发鞋。有一次，一位零售商在他那里进了100双白色的旅游鞋，但是由于市场已经饱和，所以鞋的销路一直不好，于是他就找到这位犹太人商议，这位犹太人听说以后，立即决定调货，零售商觉得这样不好，认为这样让犹太人承受这所有的损失，自己确实过意不去，但是犹太人却说没关系，自己会将这件事情处理好的。就这样他在制鞋这一行业的名声大噪，人们都喜欢和他共事。后来由于战事的原因，再加上经济的不稳定，他的厂子破产了，在他走投无路的时候，这些曾经接受过他帮助的人来到他的家里，他们不忍心让他的厂子破产，于是大家决定，共同出资，帮他重新将厂子建起来，他们共同集齐了办厂的费用，就这样，他的厂子又重新开了起来。

上面这位犹太人经历告诉我们，你帮助了别人，在恰当的时候别人对于你的苦楚也不会袖手旁观的，他们也一定会尽全力帮助你。如果当时的犹太商人不顾零售商的生死，那么后来在他遇到难处的时候，又有谁会担心他的死活呢。所以在你能帮助别人的时候，千万不要吝啬自己的爱心，否则你不仅会受到良心的谴责，而且最终在未来的一天，你会落到孤立无助的地步。马丁的故事就是一个典型的例子，在美国波士顿一座犹太人被屠杀的纪念碑上，刻着一个名叫马丁的犹太神父写下的一首悔恨诗：“起

初他们追杀共产主义者的时候，我不是共产主义者，所以我没有说话。当他们追杀犹太人的时候，我不说话。当他们追杀公会成员的时候，我依然没有说话。最后他们奔我而来的时候，再也没有人站起来为我说话了。”

这就是马丁的悲哀了，他在别人需要帮助的时候见死不救，还能指望自己在快要死的时候有人来救他，这真是一相情愿。很多的例子都已经向我们证明了一件事，那就是当你在帮助别人的时候，无形之中就是在帮助了你自己。这样的例子一再上演，所以人们应该明白，帮助别人并不是一件强人所难的事情，只要你力所能及的帮助别人，在你遇到难题的时候，他们也一定会鼎力相助，帮助你渡过难关的。

良好的人际氛围是财富之源

犹太人在做生意的时候，非常注意和气生财，他们认为处理好人际关系是非常重要的，他们在做生意的过程中总是先计算人际关系，再计算金钱，因为他们始终认为好的人际关系会为自己带来更多的金钱，只有将人际关系处理好了，以后的生意才会更顺畅，赚钱才会更容易。

犹太人在流离失所的时期，经过长期的四处流浪，渐渐养成了谦和的秉性，这使与他们打交道的人觉得他们是比较好谈生意的，不会是斤斤计较的人。犹太人在谈生意的时候一直都是比较和气的，这种和气在人与人之间的交流过程中发挥着润滑剂的作用，能使交谈更加顺畅。

犹太人清楚地知道，人际关系的好坏是他们事业成功和发财致富的关键，如果将这一关系处理好，那么以后自己事业的成功就会指日可待。所以，犹太商人在与人打交道的时候，总是笑脸迎人，就算做不成生意或者因为契约问题产生不同的意见，他们也会笑着表明自己的否定态度。

犹太人熟稔人际关系的利害，所以他们最忌讳自己的人际关系处

理得不好。他们认为自己一生都在从事着推销自己的工作，这项工作就是向人们推销自己的创意、计划、精力、智慧等。只要能妥善地向人们推销自己，自己在未来就一定能够成功。

善于推销自己，就是处理好人际关系，只有将人际关系处理好了，人们才能接纳你，才会赏识你的智慧、创意以及你本人。犹太人就是因为看透了这个道理，所以非常重视处理人际关系。

在公司里，善于处理与下属关系的领导往往是最有威望的；在与客户打交道的时候，善于处理与客户关系的人，最容易取得客户的信赖，同时也是最容易取得成功的人。不管从事哪种行业，处于何种职位，犹太人都善于处理人际关系。如果你用一种建议的口吻，往往就能得到老板的赏识。很多成功的犹太商人为了处理与下属的关系，在历史上开创了许多保护员工的先河，例如，布隆内耳蒙德公司就是第一家实行八小时工作制的公司，同时也是第一家实行带薪假期制度的公司。这些措施都是为了处理与下属的关系。因为蒙德很早就意识到，要想使自己的公司越做越大，必须要靠员工的强力配合，否则自己是走不远的，正因为如此，他的公司才会越做越大，成为世界上最大的生产碱的化学公司之一。

同事之间也是如此，直截了当的建议未必会得到同事的理解与支持，这就是不会处理人际关系造成的。犹太人在遇到这种情况的时候，不会心直口快地将自己的想法或建议直接一下说完，他们会用一种委婉的商量的语气向同事建议，他们经常会用这样的语句："你觉得这种想法是不是更可行？""你看这样的方法是不是更容易施实？"这样一来，同事就会觉得他们是真心诚意地提意见，也就愿意接受了。

人都是非常注意自己的自尊的，一旦觉得自尊受到伤害，就会坚决地反抗。在这种情形下，与对方交往就很困难了，更别说向对方推销自己了。犹太人重视人与人之间的交往，所以他们非常注意维护他人的自尊，在这样的情况下，他们又怎么会做不成生意？又怎么会让自己的工作做得不顺利？

积累人脉，人脉就是你的钱脉

在今天的社会，人脉是非常重要的。人脉是一种潜在的资产，潜在的财富，虽然它不会像其他东西一样有立竿见影的效果，但是人脉在商场上的作用也的确不容小觑。拥有了丰富的人脉资源，也就等于拥有了巨大的财富。

犹太商人非常重视人脉的作用，他们对建立人脉关系非常尽心，在这方面花的钱也不是小数目。可是，如何拓展自己的人脉，如何结交一些对自己的事业有帮助的人呢？

要想拓展人脉资源就需要不断结识新的朋友，一般来说，富人的朋友要比穷人的朋友多得多，因为人们结交朋友都想有利可图，虽然说出来感觉太功利了，但是事实就是如此，人们都是因为觉得对方对自己有利用价值才与对方结交，只有这样，人脉资源才会越来越广。

一些成功的犹太商人经常会利用各种机会认识在商场上、政坛上有头有脸的人物。对这些人可不能不加重视，有钱人都希望能结交一些在政坛上有地位的朋友，这样自己就有了权力上的保障，也能从他们那里及时得到政治方面的一些消息。而有权力的人也希望能够结识一些财大气粗的人，拓展自己的人脉。这样一来，金钱和权力强强联手，还有什么不能解决的问题？

一些犹太人是通过帮助别人的方式建立人脉的。在对方困难的时候，哪怕是一句问候，也能使对方感到温暖，更不要说出手相助了，这样建立的人脉才是优秀的人脉资源。

一位日历月历卡片公司的董事长因为公司的税务问题而被判刑，曾经有一位名叫麦凯的犹太新闻记者，通过多年的经验，觉得这位董事长的逃税问题有点失实，于是亲自去了监狱一趟，专门采访了这位董事长，写了一篇关于他的公正的报道。这位董事长看了这篇报道，感动得落泪了，因为这是铺天盖地的报道中，唯一一篇公正的报道，这位董事长也因为这篇公正的报道而增强了信心。这位董事长出狱后，非常感激麦凯，他找到麦凯，问他是否需要什么帮助。麦凯正因

为一些和老板的矛盾而心情抑郁，以至于产生了辞职的想法。于是他就向这位董事长说出了自己的心事，这位董事长非常爽快地告诉他，只要他需要新工作，自己随时可以帮助他。后来，麦凯离开了自己的公司，并找到这位董事长。这位董事长兴致勃勃地谈起了当时的那篇报道，他非常感激麦凯，整个谈话过程非常愉快。在谈话结束的时候，他告诉麦凯明天就可以来公司上班，并给麦凯提供了一份待遇好、福利好的“金矿”工作。

麦凯的一篇报道为自己换来一份好工作。也许在当时，他并没有想到对方在未来的某一天会帮助自己，但是无形之中，他为自己建立了人脉资源。就是因为这位董事长的出手相助，他才能有后来的工作。

所以，千万不要小看人脉的作用。有时候，自己费尽心力也做不到的事，可能某个关键人物一句话就能解决。要想让自己的人脉更加宽广，就要提高自己本身的含金量。富人的朋友为什么比穷人的多？就是因为富人有很高的利用价值。正如一句老话所说：“穷居闹市无人问，富在深山有远亲。”

要想使自己的人脉网变得更加丰富，就要提高自己的利用价值，不仅在事业上如此，在朋友之间也要如此，因为朋友之间就是一种彼此互助的关系。

要想让自己的人脉变得更加宽广，就要在建立人脉方面加大投资。犹太人经常会在周末的时候，宴请自己的朋友、同事、亲戚，在这方面他们不会吝惜金钱。

21世纪的社会非常重视人脉关系，人脉已经被当做一项重要的资源提上日程。要想成功就必须积累自己的人脉资源。一些人经常抱怨自己没有背景，自身的能力也一般，平常的时候自己也经常做做梦，梦见有朝一日能够得到贵人的提携，一夜之间飞黄腾达。其实只要仔细观察就会发现，生活中从来都不缺少贵人，他们可能就是你身边的朋友、同事或者只是一些和你萍水相逢的人，只要善于拓展自己的人脉资源，你的贵人就会在你需要的时候，及时地向你伸出援助之手。

到成功者的环境中去，你就会成功

我们中国有句古话：“近朱者赤，近墨者黑。”犹太人也认同这一观点。他们认为：将和你比较亲密的五个人和他们的收入写出来，就能计算出你的收入。这五个人收入的平均数，就是你的收入。虽然很多人不相信这种说法，但是事实却证明这种说法的正确性相当高。

犹太人认为五个朋友决定你的一生，与什么样的人交往就注定了你会是怎样一个人。正应了中国那句古话：“物以类聚，人以群分。”让我们仔细想想，是不是自己的很多想法和生活习惯都受到了朋友的影响？成功人士结交的朋友很大一部分也是成功人士。有些人的成功不是偶然的，很多时候你会在他们的朋友圈子中发现几个卓有成就的人名，这也是他们能够取得成功的原因。比如保罗·艾伦，很多人认为他是一不留神成为亿万富翁的，其实不然。艾伦在年轻的时候就与比尔·盖茨相识，他们志趣相投，一起干事业。当初他们在波士顿注册了一家名为微软的计算机公司，总经理是比尔·盖茨，副总经理是保罗·艾伦，这家公司也奠定了他们的未来。

所以如果你想成为一个成功的商人，而自己还没有这方面的潜质，不妨找一个成功人士与他为伍，一起去实现自己成功的宏愿。这也不失为一个好主意。犹太圣典《塔木德》中有这样一句话：和狼生活在一起，你只能学会嗥叫，和那些优秀的人在一起，你就会受到很好的影响，耳濡目染、潜移默化，成为一个优秀的人。

你想成为一个什么样的人，就和什么样的人站在一起，穷人如果想成为富人，不管多穷，都要尽自己最大的努力站在富人堆里，汲取他们致富的思想，和他们进行比较，找出自己身上的不足，及时改正，只有这样，才能不断实现自己成为富人的梦想。

环境对人的影响的确很重要，有些人之所以不成功有时候就是因为环境不合适。如果经常和成功者在一起，就会耳濡目染一些成功者的做事风格、方法、思维方式以及好习惯，自己无形之中就会用成

功者的标准来要求自己，就会比较容易成功。如果经常和失败者在一起，潜意识中就会受到他们言语及行动的影响，认为成功真的很难，从而消极地对待一切，这样一来，即使是本来有胜算的事情也会因此而失败。

环境能够成就人，好的环境可以让人奋进，催人成才，差的环境会让人失去斗志，意志消沉。所以要想成功，一定要选对环境，否则即使再努力，也得不到理想的结果。一个人要想取得成功，就一定要与成功者为伍。如果选对了对象，即使自己没有成功的实力，在同伴的激励下，说不定也会成功。

一方获利的生意不会长久

犹太人一致认为，在商场上，只有实现双赢，才能将生意长久地做下去。如果只有一方获利，生意是做不长久的。因此，在生意场上，犹太商人非常重视双赢，只有在双方都有利可图的情况下，生意才能持久。只有双赢才能实现长赢。

犹太商人讲究公正公平的经商之道。《塔木德》经常告诫犹太人不要做唯利是图的商人。虽然犹太商人追求巨额财富，但是他们会以正当的手段获取自己应得的钱。“只要人人上我一次当，我就发财了。”有这种想法的人很多，所以社会上经常会见到五花八门的骗钱方法。但是，这种想法是不会出现在犹太人的思想中的。因为他们认为这样做只会为自己带来无尽的耻辱，他们要正正当当、光明正大地赚钱，而不是投机取巧。

在生意场上，犹太人的经营理念是：一笔生意，双方获利。所以不管是和什么人打交道，他们都会以这项原则为宗旨。因此无论到什么地方，和谁谈生意，他们都会避免在对方的心上播下仇恨的种子，尽量让双方之间的友谊变得更加持久。在生意上，他们既不会让自己吃亏，也会尽量让对方受益。

如果你看见两个人正在博弈，你就可以说他们正在玩零和游戏。在多数情况下，总会有一方是赢家，另一方是输家。如果赢的一方得

1分，输的一方得-1分，那么他们得分的总和就是0分。这就是零和游戏的基本内容：如果有一方是赢家，就会有一方是输家，他们的总和永远是0。零和游戏之所以越来越受关注，就是因为在社会的方方面面，我们总能发现零和游戏的情况，胜利者的背后往往隐藏着失败者的辛酸和苦涩。从个人到国家，从政坛到商界，一方的强大，总是以另一方的弱小为基础，其中经常会涉及一些利益的侵占，从而造就了一个弱肉强食的世界。20世纪以来，经过两次世界大战的洗礼，人们已经认识到，这个世界完全可以将零和游戏的结局变化一下，也就是实现双赢，让双方都不会吃亏。在不损害他人利益的情况下，获得自己的利益，这种双赢的理念可以用在社会的各个方面，只要任何一方都不抱着贪图小便宜的思想，遵守游戏规则，按照契约办事，这种双赢的局面一定会实现。

犹太人在遵守契约方面堪称典范，他们认为只要签订了契约，接下来要做的事情就是遵守契约，所以对他们来说实现双赢不是一件难事。双赢的基本前提就是不损害他人的利益，在考虑到自己获利的同时，也要想想合作方的利益。只有双方都有利可图，才能使合作越来越好。

犹太人汤姆在美国开了一家小规模的电脑公司，他把新开发的电脑软件卖给了一家银行。一个月后，银行换了一个新行长，新行长对他说："我手上是一个烂摊子，我对这个新软件也不是很熟悉，这合同我们无法履行。"汤姆很需要这宗生意，他完全可以依法要求对方履行契约。如果打官司，银行肯定必输无疑。但是汤姆认为这样不能实现双赢，于是他就答应了对方的要求，撤销了合同，并将定金退还给对方，汤姆因此失去了4.8万美元的生意。三个月后，银行行长打电话给汤姆："我要更新数据处理系统，需要你的帮忙。"就这样，汤姆获得了24万美元的新合同。

汤姆在对方毁约的时候，肯定考虑到对方是一个比较有潜力的客户，所以他没有要求对方必须按约定行事，而是站在对方的角度进行思考。他从长远的角度考虑问题，终于没有失去这个客户，假如他一味地按照普通的思维方式思考，虽然能得到小利，但是肯定会失去大利。所以在做生意的时候，抱着双赢的思维行事，有时候就会收获很

多意想不到的利益。

请记住，如果交易不一定能成功，你可以选择不交易。将各种利害想清楚后，如果双方都能够得利，那么就一起想办法将困难解决；假如不能双赢，就可以选择不合作，再重新寻找其他客户。双赢思维为我们带来了极大的交易自由度。

参考文献

[1] 塔尔莱特·赫里姆.塔木德：犹太人的经商智慧与处世圣经[M].北京：中国画报出版社，2009.

[2] 沧海明月. 犹太人智慧大全集（超值白金版）[M].北京：中国华侨出版社，2010.

[3] 朱新月.犹太人笔记本里的101个赚钱秘密[M].北京：北京理工大学出版社，2011.